学校でも、家庭でも
応用力を伸ばす！

上級 算数 習熟プリント

小学 1 年生

学力の基礎をきたえ
どの子も伸ばす研究会

金井 敬之 著

自信が
ついた！

清風堂書店

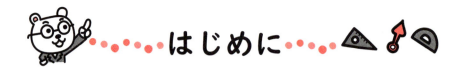

はじめに

「算数習熟プリント」は発売以来長きにわたり、学校現場や家庭で支持されてまいりました。その中で、変わらず貫き通してきた特長は

○ 通常のステップよりも、さらに細かくスモールステップにする
○ 大事なところは、くり返し練習して習熟できるようにする
○ 教科書のレベルがどの子にも身につくようにする

でした。この内容を堅持し、新たなくふうを加え、2020年4月に「算数習熟プリント」を出版しました。学校現場やご家庭で活用され、好評を博しております。

さらに、子どもたちの習熟度を高め、応用力を伸ばすため、「上級算数習熟プリント」を発刊することとなりました。基礎から応用まで豊富な問題量で編集してあります。

今回の改訂から、前著「算数習熟プリント」もそうですが、次のような特長が追加されました。

○ 観点別に到達度や理解度がわかるようにした「まとめテスト」
○ 算数の理解が進み、応用力を伸ばす「考える力をつける問題」
○ 親しみやすさ、わかりやすさを考えた「太字の手書き風文字」、「図解」
○ 解答のページは、本文を縮めたものに「赤で答えを記入」
○ 使いやすさを考えた「消えるページ番号」

「まとめテスト」は、新学習指導要領の観点とは少し違い、算数の主要な観点「知識（理解）」（わかる）、「技能」（できる）、「数学的な考え方」（考えられる）問題にそれぞれ分類しています。

これは、「計算はまちがえたが、計算のしくみや意味は理解している」「計算はできているが、文章題ができない」など、どこでつまずいているのかをつかみ、くり返し練習して学力の向上へと導くものです。十分にご活用ください。

「考える力をつける問題」は、他の分野との融合、発想の転換を必要とする問題などで、多くの子どもたちが不得意としている活用問題にも対応しています。また、算数のおもしろさや、子どもたちがやってみようと思うような問題も入れました。

本文には、小社独自の手書き風のやさしい文字を使っています。子どもたちに見やすく、きれいな字のお手本にもなるようにしました。

また、学校で「コピーして配れる」プリントです。コピーすると、プリント下部の「ページ番号が消える」ようにしました。余計な時間を省き、忙しい中でも「そのまま使える」ようにしました。

本書「上級算数習熟プリント」を活用いただき、応用力をしっかり伸ばしていただければ幸いです。

学力の基礎をきたえどの子も伸ばす研究会

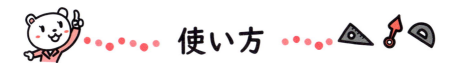

使い方

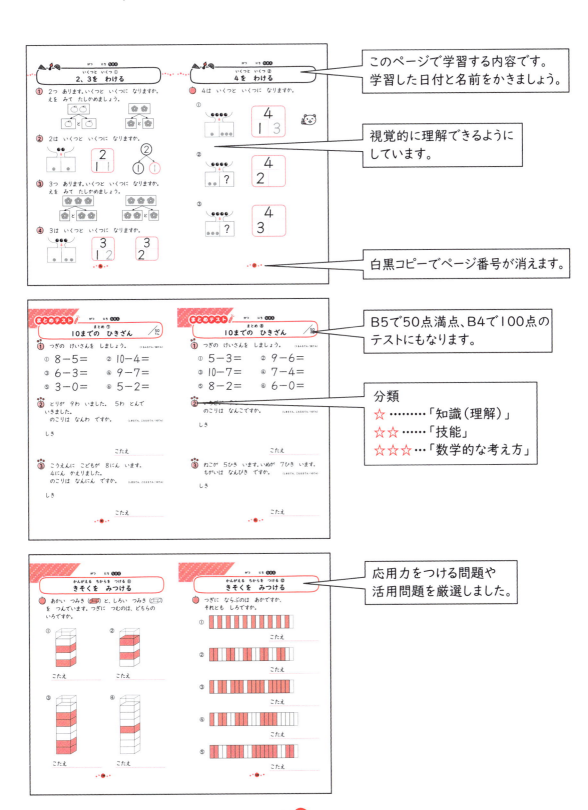

このページで学習する内容です。
学習した日付と名前をかきましょう。

視覚的に理解できるように
しています。

白黒コピーでページ番号が消えます。

B5で50点満点、B4で100点の
テストにもなります。

分類
☆ ‥‥‥‥「知識（理解）」
☆☆ ‥‥‥「技能」
☆☆☆ ‥「数学的な考え方」

応用力をつける問題や
活用問題を厳選しました。

上級算数習熟プリント1年生　もくじ

かずと　すうじ ①

いくつかな（１〜５）

🍎 いくつ　ありますか。よみかたと　すうじを
なぞりましょう。

①  いち　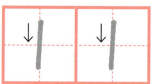

②  に　

③  さん　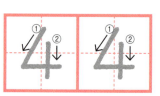

④  し　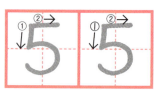

⑤ ご

かずと　すうじ ②
いくつかな（1〜5）

① すうじの　れんしゅうを　しましょう。

いち	1	1				
に	2	2				
さん	3	3				
し	4	4	4			
ご	5	5	5			

② いくつ　ありますか。かずを　かきましょう。

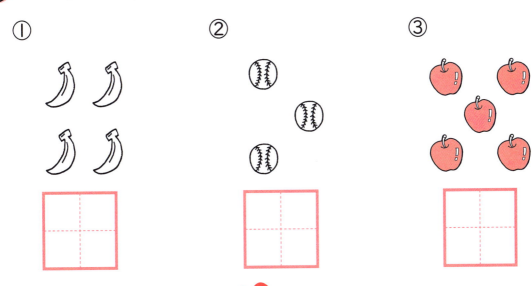

①

②

③

かずと　すうじ ③
いくつかな（1〜5）

① さいころの　めの　かずを　かきましょう。

①
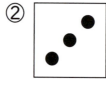

②
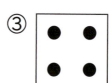

③

④
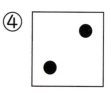

② タイルの　かずを　かきましょう。

①

②

③

④

かずと　すうじ ④

いくつかな（1〜5）

🍎　おなじ　かずを　せんで　むすびましょう。

 ・　　　・ し ・　　　・ 1

 ・　　　・ いち ・　　　・ 4

 ・　　　・ さん ・　　　・ 2

 ・　　　・ に ・　　　・ 5

 ・　　　・ ご ・　　　・ 3

かずと　すうじ ⑤
いくつかな（6〜10）

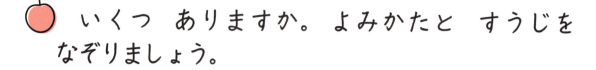 いくつ　ありますか。よみかたと　すうじを
なぞりましょう。

①

ろく　6　6

②

しち　7　7

③

はち　8　8

④

く　9　9

⑤

じゅう　10　10

かずと　すうじ ⑥
いくつかな（6〜10）

① ていねいに　かきましょう。

ろく	6	6				
しち	7	7	7			
はち	8	8				
く	9	9				
じゅう	10	10				

② いくつ　ありますか。かずを　かきましょう。

①

②

③

④

かずと　すうじ ⑦
いくつかな（6〜10）

① タイルは　いくつ　ありますか。

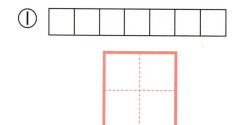

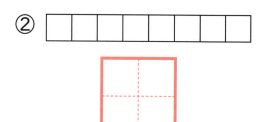

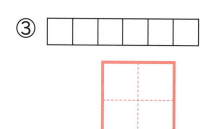

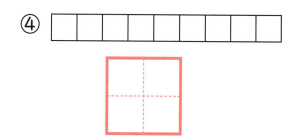

② ●の　かずを　かきましょう。

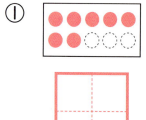

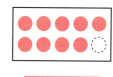

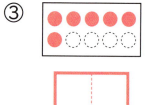

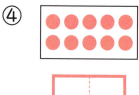

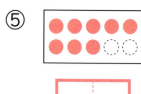

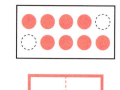

かずと　すうじ ⑧
いくつかな（6〜10）

 おなじ　かずを　せんで　むすびましょう。

	く	6
	しち	9
	ろく	7
	はち	10
	じゅう	8

がつ　　にち　なまえ

かずと　すうじ ⑨
いくつかな（1〜10）

① いくつ　ありますか。かずを　かきましょう。

①

②

③

④

② ●の　かずを　かきましょう。

①

②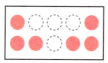

③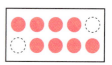

④

⑤

⑥

14

かずと　すうじ ⑩

いくつかな（1～10）

 ていねいに　かきましょう。

1	1	↓		1			
2	2	↗		2			
3	3	↗		3			
4	4	①↙		4			
5	5	①↓		5			
6	6	↙		6			
7	7	①↓		7			
8	8	↖		8			
9	9	↖		9			
10	10	①↓ ↙②		10			

かずと　すうじ ⑪
どちらが　おおい

🍎　おおい　ほうに　○を　つけましょう。

① （　）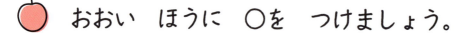

（　）

せんで　むすんで
かんがえよう

② （　）

（　）

③ （　）

（　）

④ （　）

（　）

⑤ （　）

（　）

かずと　すうじ ⑫
どちらが　おおい

① おおい　ほうに　○を　つけましょう。

①
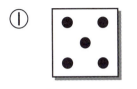

(　　) (　　)

②
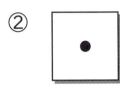

(　　) (　　)

③
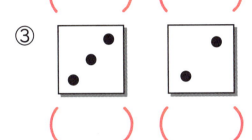

(　　) (　　)

④
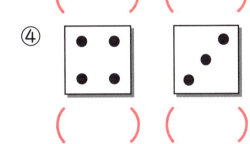

(　　) (　　)

② かずの　おおきい　ほうに　○を　つけましょう。

① 　1　3

(　　) (　　)

② 　4　2

(　　) (　　)

③ 　5　1

(　　) (　　)

④ 　2　3

(　　) (　　)

⑤ 　1　2

(　　) (　　)

⑥ 　5　3

(　　) (　　)

かずと　すうじ ⑬

どちらが　おおい

🍎 おおい　ほうに　○を　つけましょう。

① （　　）
（　　）

② （　　）
（　　）

③ （　　）
（　　）

④ （　　）
（　　）

⑤ （　　）
（　　）

⑥ （　　）
（　　）

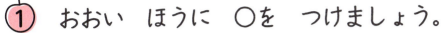

かずと　すうじ ⑭
どちらが　おおい

① おおい　ほうに　○を　つけましょう。

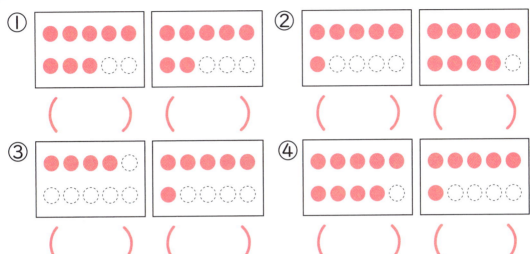

①　（　　　）（　　　）　②　（　　　）（　　　）

③　（　　　）（　　　）　④　（　　　）（　　　）

② かずの　おおきい　ほうに　○を　つけましょう。

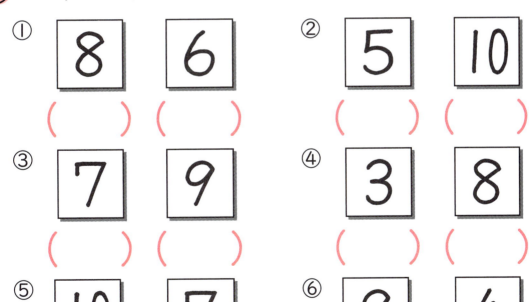

①　8　6　（　　　）（　　　）　②　5　10　（　　　）（　　　）

③　7　9　（　　　）（　　　）　④　3　8　（　　　）（　　　）

⑤　10　7　（　　　）（　　　）　⑥　9　4　（　　　）（　　　）

かずと　すうじ ⑮
ひとつ　ふえると

 ひとつ　ふえた　かずを　かきましょう。

①  が 1 ひとつ ふえると → 2

② 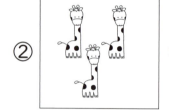 が 3 ひとつ ふえると →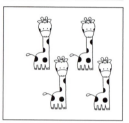

③ 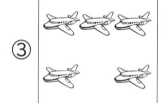 が 5 ひとつ ふえると →

④ 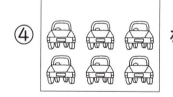 が 6 ひとつ ふえると →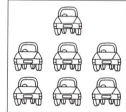

⑤  が 7 ひとつ ふえると →

⑥ 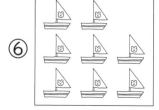 が 8 ひとつ ふえると →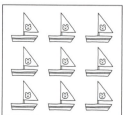

かずと　すうじ ⑯
ひとつ　へると

 ひとつ　へった　かずを　かきましょう。

① 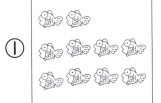 が 10 ひとつ へると → 9

② が 9 ひとつ へると →

③  が 8 ひとつ へると →

④ が 7 ひとつ へると →

⑤ が 6 ひとつ へると →

⑥ が 4 ひとつ へると →

かずと　すうじ　⑰
0と　いう　かず

なにも　ない　かずを　0（れい）と　いいます。

① りんごは　いくつ　ありますか。
　　かずを　かきましょう。

①　（　　　） ②　（　　　） ③　（　　　）

② おさらに　りんごの　えを　かきましょう。

①　2こ　　②　0こ　　③　1こ

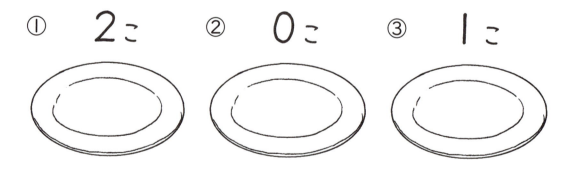

③ ていねいに　なぞりましょう。

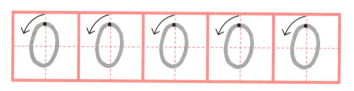

かずと　すうじ ⑱
かずの　じゅん

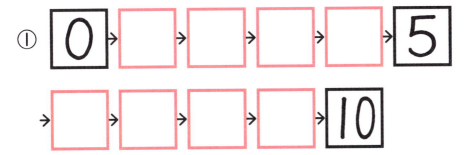

🍎 □に　あてはまる　かずを　かきましょう。

① 0 → □ → □ → □ → □ → 5

→ □ → □ → □ → □ → 10

② 1 → □ → □ → □ → 5 → □ → 7

③ □ → □ → 6 → □ → □ → 9 → □

④ 10 → □ → □ → □ → 6 → □ → □

→ □ → □ → □ → 0

⑤ □ → □ → □ → 6 → □ → □ → 3

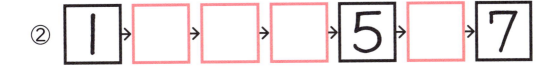

がつ　　にち　**なまえ**

かずと　すうじ

/50 てん

① おおきい　ほうに　○を　つけましょう。（1もん5てん／20てん）

① 4 6
（　　）（　　）

② 3 0
（　　）（　　）

③ 7 5
（　　）（　　）

④ 9 8
（　　）（　　）

② おなじ　かずの　え、すうじ、▢を　せんで　つなぎましょう。

（1もん5てん／30てん）

①  ・　・ 7 ・　・

②  ・　・ 9 ・　・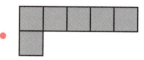

③ ・　・ 6 ・　・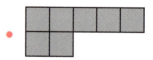

④ ・　・ 8 ・　・

⑤  ・　・ 5 ・　・

⑥ ・　・ 10 ・　・

がつ　　にち　**なまえ**

まとめ ②
かずと　すうじ

/50
てん

★★
① おおい　ほうに　○を　つけましょう。　　（1もん5てん／15てん）

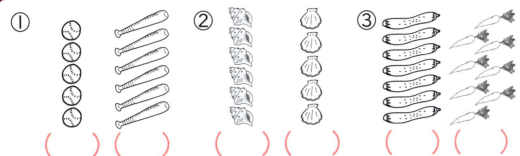

① （　　）（　　）　② （　　）（　　）　③ （　　）（　　）

★
② つぎの　かずだけ　さらに　🍎を　かきましょう。

（1もん5てん／15てん）

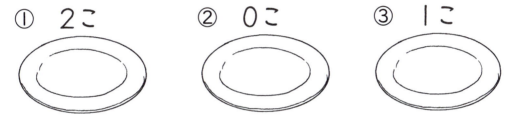

① 2こ　　② 0こ　　③ 1こ

★★
③ □に　あてはまる　かずを　かきましょう。

（1もん5てん／20てん）

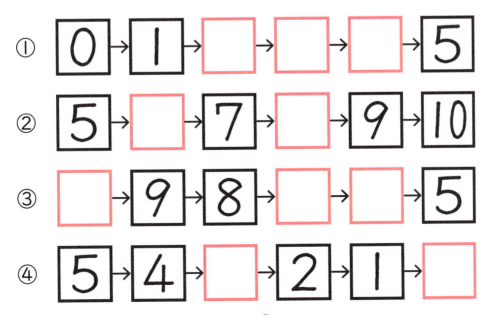

① 0 → 1 → □ → □ → □ → 5

② 5 → □ → 7 → □ → 9 → 10

③ □ → 9 → 8 → □ → □ → 5

④ 5 → 4 → □ → 2 → 1 → □

いくつと　いくつ ①
2、3を　わける

① 2つ　あります。いくつと　いくつに　なりますか。
えを　みて　たしかめましょう。

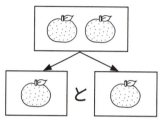 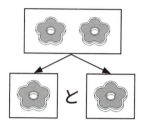

② 2は　いくつと　いくつに　なりますか。

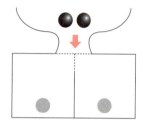  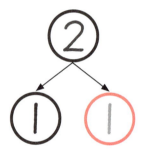

③ 3つ　あります。いくつと　いくつに　なりますか。
えを　みて　たしかめましょう。

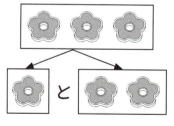 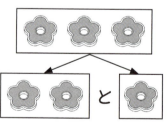

④ 3は　いくつと　いくつに　なりますか。

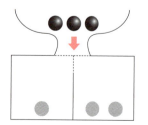  

いくつと　いくつ ②
4を　わける

 4は　いくつと　いくつに　なりますか。

①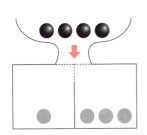

4	
1	3

②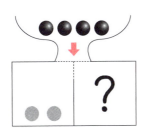

4	
2	

③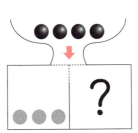

4	
3	

いくつと　いくつ ③
5を　わける

 5は　いくつと　いくつに　なりますか。

①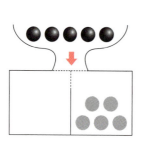

②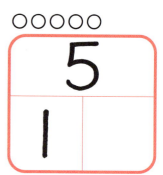

③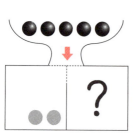

④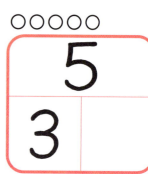

⑤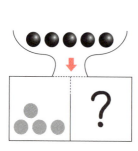

⑥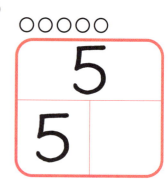

いくつと　いくつ ④
6を　わける

 6は　いくつと　いくつに　なりますか。

①

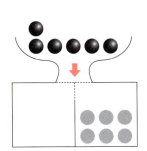

6	
0	6

② ○○○○○○

6	
1	

③

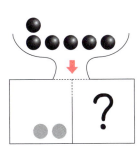

6	
2	

④ ○○○○○○

6	
3	

⑤

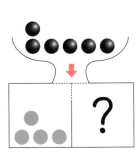

6	
4	

⑥ ○○○○○○

6	
5	

いくつと　いくつ ⑤
7を　わける

 7は　いくつと　いくつに　なりますか。

①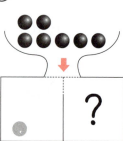

7 / 1 | 6

② 7 / 2 |

③ 7 / 3 |

④ 7 / 4 |

⑤ 7 / 5 |

⑥ 7 / 6 |

⑦ 7 / 7 |

⑧ 7 / 0 |

いくつと　いくつ ⑥
8を　わける

 8は　いくつと　いくつに　なりますか。

①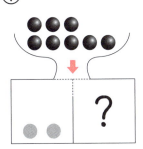

8	
2	6

②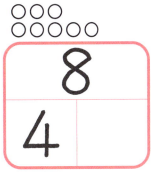

8	
1	

③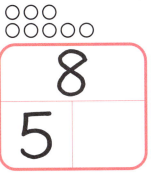

8	
3	

④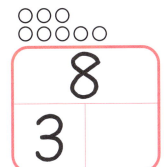

8	
4	

⑤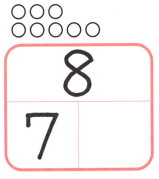

8	
5	

⑥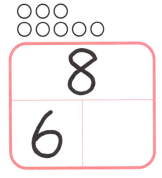

8	
6	

⑦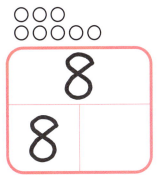

8	
7	

⑧

8	
8	

いくつと　いくつ ⑦
9を　わける

🍎 9は　いくつと　いくつに　なりますか。

①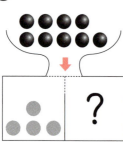

9	
4	5

② ○○○○○
○○○○

9	
2	

③ ○○○○○
○○○○

9	
3	

④ ○○○○○
○○○○

9	
5	

⑤ ○○○○○
○○○○

9	
6	

⑥ ○○○○○
○○○○

9	
7	

⑦ ○○○○○
○○○○

9	
8	

⑧ ○○○○○
○○○○

9	
1	

がつ　　にち　なまえ

いくつと　いくつ ⑧
いろいろな　かず

 □に　あてはまる　かずを　かきましょう。

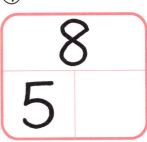

①
3
1

②
4
2

③
5
4

④
5
3

⑤
6
2

⑥
6
3

⑦
7
2

⑧
7
4

⑨
8
5

⑩
8
6

⑪
9
5

⑫
9
7

いくつと　いくつ ⑨
いくつかな

 あわせると　いくつに　なりますか。

①
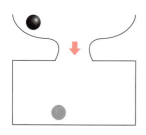

1	0
1	

②

1	1
2	

③
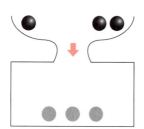

1	2
3	

④

1	3

⑤
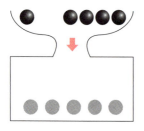

1	4

⑥

1	5

⑦
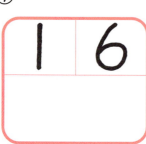

1	6

⑧

1	7

⑨

1	8

いくつと　いくつ ⑩
いくつかな

 あわせると　いくつに　なりますか。

①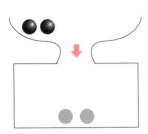

2	0
2	

②

2	1
3	

③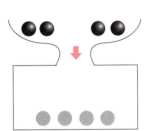

2	2

④

2	3

⑤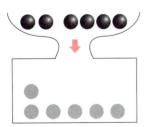

2	4

⑥

2	5

⑦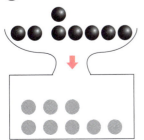

2	6

⑧

2	7

いくつかな

 あわせると　いくつに　なりますか。

①

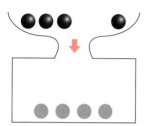

3	1
4	

②

3	2
5	

③

3	3

④

3	4

⑤

3	5

⑥

3	6

⑦

4	1

⑧

4	2

⑨

4	3

⑩

4	4

⑪

4	5

いくつと　いくつ ⑫
いくつかな

 あわせると　いくつに　なりますか。

①

5	0
5	

②

5	1

③

5	2

④

5	3

⑤

5	4

⑥

6	0

⑦

6	1

⑧

6	2

⑨

6	3

⑩

7	1

⑪

7	2

⑫

8	1

いくつと　いくつ ⑬
10は　いくつと　いくつ

🍎 10は　いくつと　いくつですか。

① ⬜⬜⬜⬜⬜⬜⬜⬜⬜⬜　１と ☐

② ⬜⬜⬜⬜⬜⬜⬜⬜⬜⬜　２と ☐

③ ⬜⬜⬜⬜⬜⬜⬜⬜⬜⬜　３と ☐

④ ⬜⬜⬜⬜⬜⬜⬜⬜⬜⬜　４と ☐

⑤ ⬜⬜⬜⬜⬜⬜⬜⬜⬜⬜　５と ☐

⑥ ⬜⬜⬜⬜⬜⬜⬜⬜⬜⬜　６と ☐

⑦ ⬜⬜⬜⬜⬜⬜⬜⬜⬜⬜　７と ☐

⑧ ⬜⬜⬜⬜⬜⬜⬜⬜⬜⬜　８と ☐

⑨ ⬜⬜⬜⬜⬜⬜⬜⬜⬜⬜　９と ☐

⑩ ⬜⬜⬜⬜⬜⬜⬜⬜⬜⬜　10と ☐

いくつと　いくつ ⑭
10は　いくつと　いくつ

🍎 10は　いくつと　いくつですか。

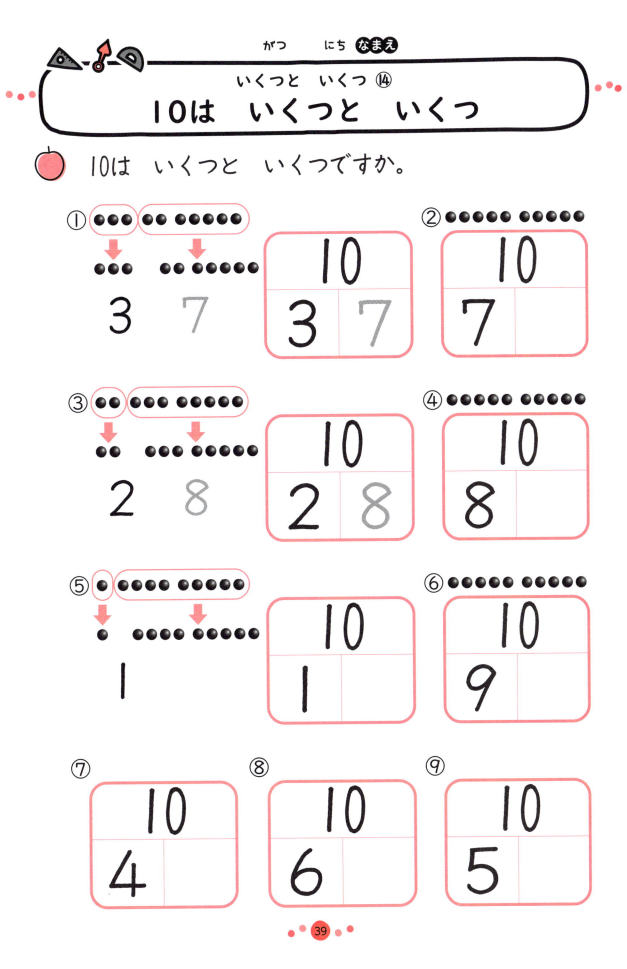

10は　いくつと　いくつ

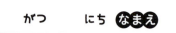

□に　あてはまる　かずを　かきましょう。

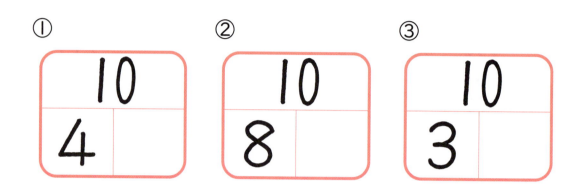

① 10 / 4

② 10 / 8

③ 10 / 3

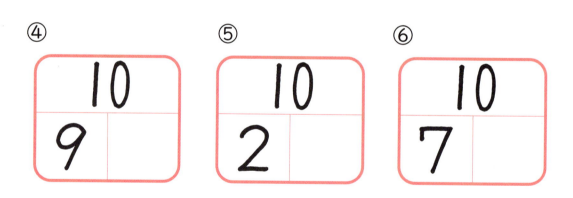

④ 10 / 9

⑤ 10 / 2

⑥ 10 / 7

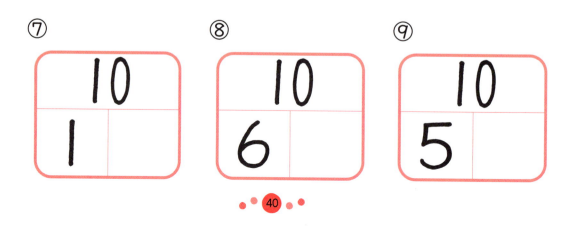

⑦ 10 / 1

⑧ 10 / 6

⑨ 10 / 5

がつ　　にち　なまえ

いくつと　いくつ ⑯

10は　いくつと　いくつ

🍎　□に　あてはまる　かずを　かきましょう。

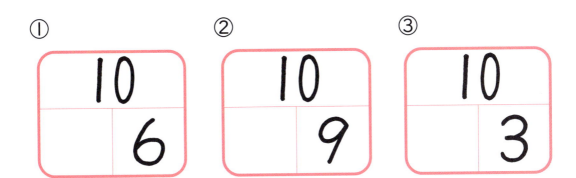

① 　10 / 6

② 　10 / 9

③ 　10 / 3

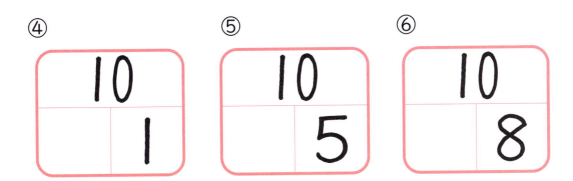

④ 　10 / 1

⑤ 　10 / 5

⑥ 　10 / 8

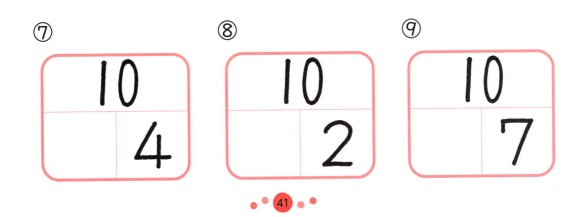

⑦ 　10 / 4

⑧ 　10 / 2

⑨ 　10 / 7

いくつと　いくつで　10

 10を　つくりましょう。

① 4 と ［6］で 10

② 5 と ［ ］で 10

③ 7 と ［ ］で 10

④ 2 と ［ ］で 10

⑤ 9 と ［ ］で 10

⑥ 6 と ［ ］で 10

⑦ 3 と ［ ］で 10

⑧ 1 と ［ ］で 10

⑨ 8 と ［ ］で 10

いくつと　いくつ ⑱
いくつと　いくつで　10

🍎　10を　つくりましょう。

① ☐☐☐☐☐|☐☐　7 と　3 で　☐☐☐☐☐|☐☐☐☐☐ 10

② ☐☐☐|☐　☐ と　6 で　☐☐☐☐|☐☐☐☐☐ 10

③ ☐ と　1 で　10

④ ☐ と　7 で　10

⑤ ☐ と　2 で　10

⑥ ☐ と　5 で　10

⑦ ☐ と　9 で　10

⑧ ☐ と　8 で　10

⑨ ☐ と　4 で　10

いくつと　いくつで　10

 10を　つくりましょう。

① 3　と　[　　]　で　10

② 6　と　[　　]　で　10

③ 9　と　[　　]　で　10

これが
たいせつ

④ 4　と　[　　]　で　10

⑤ 7　と　[　　]　で　10

⑥ 8　と　[　　]　で　10

⑦ 1　と　[　　]　で　10

⑧ 5　と　[　　]　で　10

⑨ 2　と　[　　]　で　10

いくつと　いくつで　10

🍎 10を　つくりましょう。

① [　　] と 6 で 10

② [　　] と 1 で 10

③ [　　] と 5 で 10

④ [　　] と 9 で 10

⑤ [　　] と 2 で 10

⑥ [　　] と 4 で 10

⑦ [　　] と 8 で 10

⑧ [　　] と 3 で 10

⑨ [　　] と 7 で 10

がつ　　にち　**なまえ**

まとめ ③
いくつと　いくつ

/50
てん

 つぎの　かずは　いくつと　いくつに　なりますか。

（1もん5てん／50てん）

①
6	
4	

②
7	
2	

③
7	
3	

④
8	
5	

⑤
8	
6	

⑥
8	
	4

⑦
9	
7	

⑧
9	
	5

⑨
9	
	6

⑩
10	
	0

がつ　　にち　**なまえ**

まとめ ④
いくつと　いくつ

/50
てん

① あわせると　いくつに　なりますか。

（1もん5てん／25てん）

① 4　と　3　で　□

② 2　と　5　で　□

③ 1　と　7　で　□

④ 5　と　4　で　□

⑤ 3　と　6　で　□

② 10に　なるように　せんで　むすびましょう。

（1もん5てん／25てん）

① 9 ・　　　・ 4

② 5 ・　　　・ 1

③ 7 ・　　　・ 5

④ 6 ・　　　・ 2

⑤ 8 ・　　　・ 3

たしざん ①
あわせて　いくつ

① かきが　あります。あわせると　なんこですか。

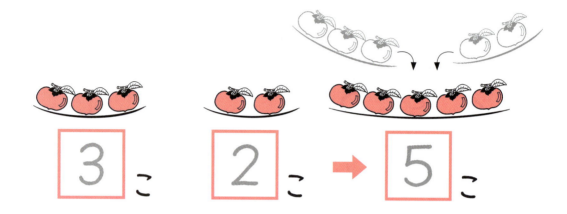

$$\boxed{3}\ こ \qquad \boxed{2}\ こ \quad \rightarrow \quad \boxed{5}\ こ$$

② いちごが　あります。あわせると　なんこですか。

$$\boxed{}\ こ \qquad \boxed{}\ こ \quad \rightarrow \quad \boxed{}\ こ$$

③ りんごが　あります。あわせると　なんこですか。

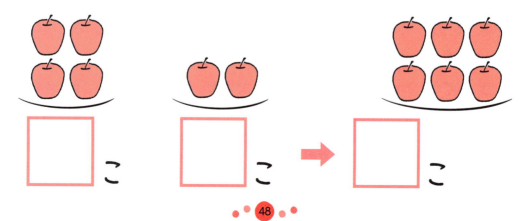

$$\boxed{}\ こ \qquad \boxed{}\ こ \quad \rightarrow \quad \boxed{}\ こ$$

たしざん ②
あわせて　いくつ

 みかんが　あります。あわせると　なんこですか。
たしざんの　しきを　かきましょう。

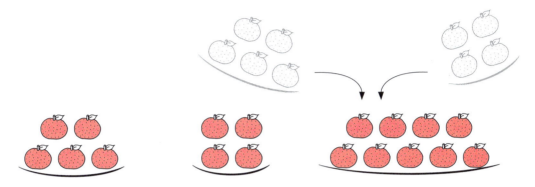

5こと　4こを　あわせると　9こ。

しき □ ＋^{たす} □ ＝^は □

こたえ □ こ

このような　けいさんを　**たしざん**と　いいます。

★れんしゅうしましょう。

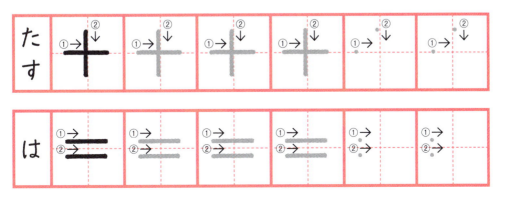

たしざん ③
あわせて　いくつ

① すいかが　あります。あわせると　なんこに
なりますか。

しき　□ ＋ □ ＝ □

こたえ　　　　　こ

② あかい　はなが　6ほんと　しろい　はなが　3ぼん
あります。あわせて　なんぼんに　なりますか。

しき　□ ＋ □ ＝ □

こたえ　　　　　ほん

③ たこやきを　ぼくが　5こ　たべました。
おとうとは　4こ　たべました。
あわせて　なんこ　たべましたか。

しき　□ ＋ □ ＝ □

こたえ　　　　　こ

たしざん ④
あわせて　いくつ

① こどもが　すべりだいで　3にん、すなばで　6にん　あそんで　います。あわせて　なんにんに　なりますか。

しき　□ ＋ □ ＝ □

こたえ _____

② まるい　さらが　4まい、しかくい　さらが　5まい　あります。さらは　ぜんぶで　なんまい　ありますか。

しき　□ ＋ □ ＝ □

こたえ _____

③ みかんが　かごの　なかに　7こ、かごの　そとに　3こ　あります。みかんは　ぜんぶで　なんこ　ありますか。

しき　□ ＋ □ ＝ □

こたえ _____

たしざん ⑤
あわせて　いくつ

① えを　みて　4＋2の　しきに　なる
もんだいを　つくりましょう。

みぎて　ひだりて

おんなのこが　みぎてに
おはじきを　□こ　もっ
て　います。ひだりてに
□こ　もって　います。

おはじきは　あわせて　なんこに
なりますか。

② えを　みて　5＋4の　しきに　なる
もんだいを　つくりましょう。

たしざん ⑥
あわせて　いくつ

① 2＋3の　しきに　なる　もんだいを
つくりましょう。

② 3＋6の　しきに　なる　もんだいを
つくりましょう。

たしざん ⑦
ふえると　いくつ

① すいそうに　きんぎょが　5ひき　いました。
あとから　2ひき　いれました。
きんぎょは　ぜんぶで　なんびきに　なりますか。

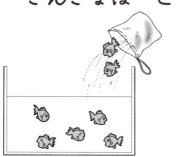

しき

$$5 + 2 = 7$$

こたえ 　　　　ひき

この　もんだいも　**たしざん**に　なります。

② いすに　3にん　すわって　いました。4にん
くると、みんなで　なんにんに　なりますか。

しき □ ＋ □ ＝ □

こたえ 　　　　にん

たしざん ⑧
ふえると　いくつ

① みかんが　かごの　なかに　7こ　あります。
おかあさんが　みかんを　2こ　いれました。
みかんは　ぜんぶで　なんこに　なりますか。

しき □ ＋ □ ＝ □

こたえ _____

② つばめが　5わ　います。3わ　とんで　くると、
ぜんぶで　なんわに　なりますか。

しき □ ＋ □ ＝ □

こたえ _____

③ こうえんで　こどもが　6にん　あそんでいます。
そこへ　4にん　くると、みんなで　なんにんに
なりますか。

しき □ ＋ □ ＝ □

こたえ _____

たしざん ⑨
ふえると　いくつ

① えんぴつを　5ほん　けずりました。あとから
2ほん　けずりました。ぜんぶで　なんぼん
けずりましたか。

しき 　□ ＋ □ ＝ □

こたえ

② こどもが　3にん　います。あとから　おとなが
5にん　くると、みんなで　なんにんに
なりますか。

しき 　□ ＋ □ ＝ □

こたえ

③ ちゅうしゃじょうに　くるまが　8だい　とまって
いました。あとから　2だい　はいって　きました。
くるまは　ぜんぶで　なんだいに　なりましたか。

しき 　□ ＋ □ ＝ □

こたえ

たしざん ⑩
ふえると　いくつ

① あめを　4こ　もらいました。また　2こ
もらうと、ぜんぶで　なんこに　なりますか。

しき 　□ ＋ □ ＝ □

こたえ _____

② プリントを　7まい　しました。あした　2まい
すると、ぜんぶで　なんまい　することに　なりま
すか。

しき 　□ ＋ □ ＝ □

こたえ _____

③ はとが　6わ　います。そこへ　はとが　4わ
とんで　くると、ぜんぶで　なんわに　なりますか。

しき 　□ ＋ □ ＝ □

こたえ _____

たしざん ⑪
ふえると　いくつ

① えを　みて　6＋2の　しきに　なる　もんだいを
つくりましょう。

くるまが　☐だい　とまって　います。

☐だい　くると、　ぜんぶで
なんだいに　なりますか。

② えを　みて　9＋1の　しきに　なる　もんだいを
つくりましょう。

たしざん ⑫
ふえると　いくつ

① えを　みて　6+3の　しきに　なる　もんだいを
つくりましょう。

② えを　みて　8+2の　しきに　なる　もんだいを
つくりましょう。

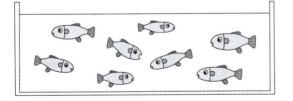 

たしざん ⑬
10までの　たしざん

 つぎの　けいさんを　しましょう。

① 1＋1＝　　　② 1＋2＝

③ 1＋3＝　　　④ 1＋4＝

⑤ 1＋5＝　　　⑥ 1＋6＝

⑦ 1＋7＝　　　⑧ 1＋8＝

⑨ 1＋9＝　　　⑩ 2＋1＝

⑪ 2＋2＝　　　⑫ 2＋3＝

⑬ 2＋4＝　　　⑭ 2＋5＝

⑮ 2＋6＝

たしざん ⑭
10までの　たしざん

 つぎの　けいさんを　しましょう。

① 2＋7＝　　　　② 2＋8＝

③ 3＋1＝　　　　④ 3＋2＝

⑤ 3＋3＝　　　　⑥ 3＋4＝

⑦ 3＋5＝　　　　⑧ 3＋6＝

⑨ 3＋7＝　　　　⑩ 4＋1＝

⑪ 4＋2＝　　　　⑫ 4＋3＝

⑬ 4＋4＝　　　　⑭ 4＋5＝

⑮ 4＋6＝

たしざん ⑮
10までの　たしざん

 つぎの　けいさんを　しましょう。

① $5+1=$ 　　② $5+2=$

③ $5+3=$ 　　④ $5+4=$

⑤ $5+5=$ 　　⑥ $6+1=$

⑦ $6+2=$ 　　⑧ $6+3=$

⑨ $6+4=$ 　　⑩ $7+1=$

⑪ $7+2=$ 　　⑫ $7+3=$

⑬ $8+1=$ 　　⑭ $8+2=$

⑮ $9+1=$

たしざん ⑯
10までの　たしざん

 つぎの　けいさんを　しましょう。

① $1+8=$ 　　② $2+2=$

③ $3+1=$ 　　④ $1+9=$

⑤ $5+5=$ 　　⑥ $1+5=$

⑦ $3+3=$ 　　⑧ $1+4=$

⑨ $2+3=$ 　　⑩ $1+2=$

⑪ $4+5=$ 　　⑫ $2+6=$

⑬ $3+4=$ 　　⑭ $7+1=$

⑮ $2+8=$

たしざん ⑰
10までの　たしざん

 つぎの　けいさんを　しましょう。

① $9+1=$ 　　② $7+3=$

③ $1+6=$ 　　④ $8+2=$

⑤ $7+2=$ 　　⑥ $3+6=$

⑦ $1+3=$ 　　⑧ $6+1=$

⑨ $6+3=$ 　　⑩ $5+2=$

⑪ $6+4=$ 　　⑫ $3+7=$

⑬ $4+2=$ 　　⑭ $5+3=$

⑮ $4+6=$ 　　⑯ $4+5=$

⑰ $1+8=$ 　　⑱ $2+2=$

⑲ $3+5=$ 　　⑳ $5+5=$

たしざん ⑱
10までの　たしざん

 つぎの　けいさんを　しましょう。

① $4+1=$　　　② $3+5=$

③ $6+2=$　　　④ $1+1=$

⑤ $4+4=$　　　⑥ $5+4=$

⑦ $2+7=$　　　⑧ $8+1=$

⑨ $2+4=$　　　⑩ $5+1=$

⑪ $1+7=$　　　⑫ $3+2=$

⑬ $2+1=$　　　⑭ $4+3=$

⑮ $2+5=$　　　⑯ $5+3=$

⑰ $1+2=$　　　⑱ $3+3=$

⑲ $2+8=$　　　⑳ $7+3=$

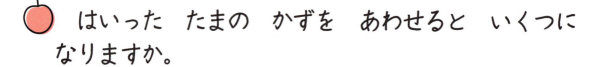

たしざん ⑲
0の　たしざん

🍎　はいった　たまの　かずを　あわせると　いくつに
なりますか。

① 2 ＋ 2 ＝ ☐

② 2 ＋ 1 ＝ ☐

③ 2 ＋ 0 ＝ ☐

0は　なにも
ない　かずの
ことだよ

④ 0 ＋ 2 ＝ ☐

⑤ 0 ＋ 0 ＝ ☐

⑥ 3 ＋ 0 ＝ ☐

 つぎの　けいさんを　しましょう。

① 1+0=　　　　② 3+0=

③ 7+0=　　　　④ 2+0=

⑤ 0+4=　　　　⑥ 0+7=

⑦ 8+0=　　　　⑧ 0+6=

⑨ 9+0=　　　　⑩ 4+0=

⑪ 0+8=　　　　⑫ 0+0=

⑬ 5+0=　　　　⑭ 0+9=

⑮ 6+0=

がつ　　にち　**なまえ**

まとめ ⑤
10までの　たしざん

/50
てん

① つぎの　けいさんを　しましょう。

(1もん5てん／30てん)

① 3＋5＝　　　② 2＋6＝

③ 4＋3＝　　　④ 8＋2＝

⑤ 1＋7＝　　　⑥ 4＋0＝

② あかい　くるまが　3だい、しろい　くるまが
3だい　あります。
　あわせて　なんだい　ですか。

(しき5てん、こたえ5てん／10てん)

しき

こたえ

③ こうえんに　こどもが　5にん　いました。
4にん　こうえんに　きました。
あわせて　なんにんに　なりましたか。

(しき5てん、こたえ5てん／10てん)

しき

こたえ

がつ　　にち　なまえ

まとめ ⑥
10までの　たしざん

/50てん

⭐⭐
① つぎの　けいさんを　しましょう。

（1もん5てん／30てん）

① $3+2=$　　② $4+4=$

③ $2+5=$　　④ $0+9=$

⑤ $7+3=$　　⑥ $1+6=$

⭐⭐
② とりが　7わ　いました。2わ　とんで　きました。
あわせて　なんわに　なりましたか。

（しき5てん、こたえ5てん／10てん）

しき

こたえ

⭐⭐
③ バスに　6にん　のって　いました。
　つぎの　ていりゅうじょで　だれも　のって
きませんでした。
　バスには　なんにん　のって　いますか。

（しき5てん、こたえ5てん／10てん）

しき

こたえ

ひきざん ①
のこりは　いくつ

① ふうせんを　5こ　もって　います。1に
とんで　いきました。のこりは　なんこですか。

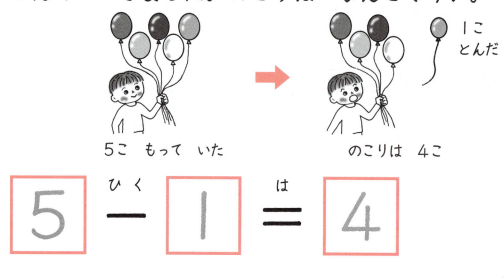

5こ　もって　いた　　　　　　のこりは　4こ

$$\boxed{5} \overset{ひく}{-} \boxed{1} \overset{は}{=} \boxed{4}$$

こたえ　　　　　　こ

このような　けいさんを　**ひきざん**と　いいます。

② くるまが　4だい　あります。2だい　でて
いきました。のこりは　なんだいですか。

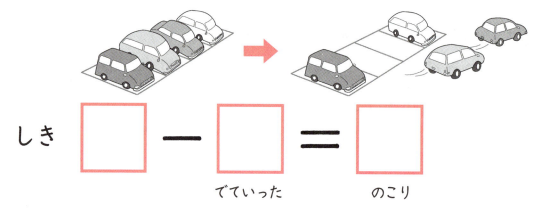

しき　$\boxed{} - \boxed{} = \boxed{}$

でていった　　　　のこり

こたえ　　　　　だい

ひきざん ②
のこりは　いくつ

① かごに　みかんが　5こ　あります。2こ
たべると、のこりは　なんこに　なりますか。

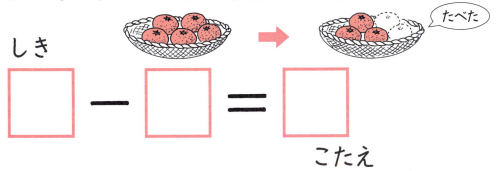

たべた

しき

$$\boxed{} - \boxed{} = \boxed{}$$

こたえ _____

② ちょうが　4ひき　とまって　いました。3びき
とんで　いきました。のこりは　なんびきですか。

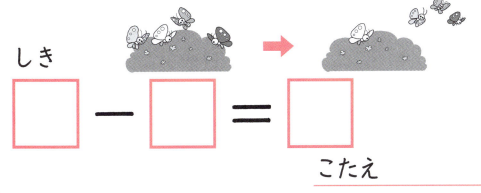

しき

$$\boxed{} - \boxed{} = \boxed{}$$

こたえ _____

③ こどもが　10にん　あそんで　いました。6にん
かえりました。のこりは　なんにんですか。

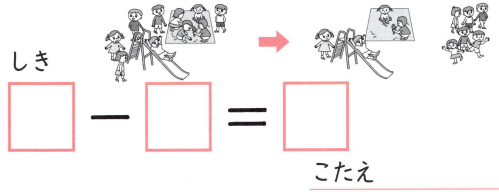

しき

$$\boxed{} - \boxed{} = \boxed{}$$

こたえ _____

ひきざん ③
のこりは　いくつ

① きんぎょが　8ひき　います。あみで　2ひき
すくいました。のこりは　なんびきに　なりますか。

しき □ ― □ ＝ □

こたえ _____

② いちごが　5こ　あります。3こ　たべました。
のこりは　なんこに　なりますか。

しき □ ― □ ＝ □

こたえ _____

③ はなを　6ほん　つみました。3ぼん　あげました。
のこりは　なんぼんですか。

しき □ ― □ ＝ □

こたえ _____

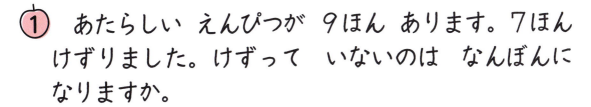

ひきざん ④
のこりは　いくつ

① あたらしい　えんぴつが　9ほん　あります。7ほん
けずりました。けずって　いないのは　なんぼんに
なりますか。

しき　□ ― □ ＝ □

こたえ _____

② いちごが　8こ　あります。3こ　たべました。
のこりは　なんこに　なりますか。

しき　□ ― □ ＝ □

こたえ _____

③ みかんが　7こ　あります。4こ　たべました。
のこりは　なんこに　なりますか。

しき　□ ― □ ＝ □

こたえ _____

ひきざん ⑤
のこりは　いくつ

① えを　みて　10-3の　しきに　なる　もんだいを
つくりましょう。

たまごが　[　　　]こ　ありました。[　　]こ

つかうと、のこりは　なんこですか。

② えを　みて　10-5の　しきに　なる　もんだい
をつくりましょう。

ひきざん ⑥
のこりは　いくつ

① えを　みて　8−3の　しきに　なる　もんだいを
つくりましょう。

② えを　みて　7−2の　しきに　なる　もんだい
をつくりましょう。

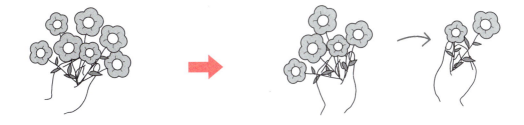

ひきざん ⑦
ちがいは　いくつ

① あひるが　いけに　4わ、そとに　1わ　います。
ちがいは　なんわですか。

しき

$$\boxed{} - \boxed{} = \boxed{}$$

こたえ　3わ

ちがいを　だす　ときも　**ひきざんで**　します。

② りすが　6ぴき、うさぎが　2ひき　います。
ちがいは　なんびきですか。

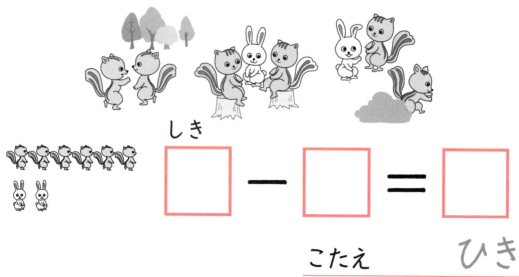

しき

$$\boxed{} - \boxed{} = \boxed{}$$

こたえ　　ひき

ひきざん ⑧
ちがいは　いくつ

① りんごが　6こ　あります。みかんが　5こ
あります。ちがいは　なんこですか。

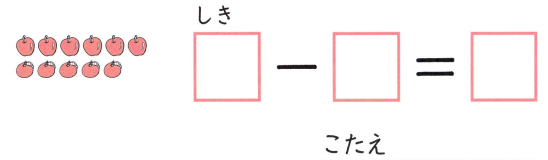

しき

□ － □ ＝ □

こたえ _____

② まるい　さらが　9まい、しかくい　さらが
4まい　あります。ちがいは　なんまいですか。

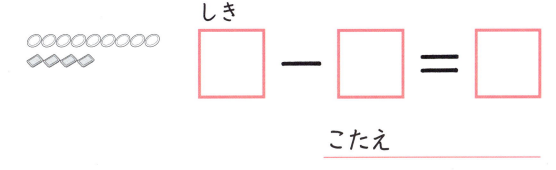

しき

□ － □ ＝ □

こたえ _____

③ あかい　ふうせんが　8こ、しろい　ふうせんが
5こ　あります。ちがいは　なんこですか。

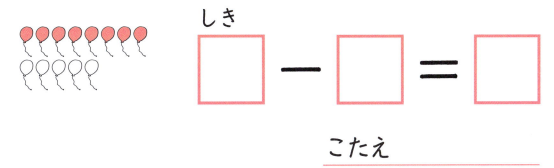

しき

□ － □ ＝ □

こたえ _____

ひきざん ⑨
ちがいは いくつ

① さいた あさがおが 5つ あります。
つぼみの あさがおが 3つ あります。
ちがいは いくつですか。

しき □ ― □ ＝ □

こたえ _____

② いま でんせんに とまって いる すずめは
7わです。とんでいる すずめは 3わです。
ちがいは なんわですか。

しき □ ― □ ＝ □

こたえ _____

③ すなばで 8にん あそんで います。
すべりだいで 3にん あそんで います。
ちがいは なんにんですか。

しき □ ― □ ＝ □

こたえ _____

がつ　　にち　なまえ

ひきざん ⑩
ちがいは　いくつ

① あかい　くるまが　5だい　とまって　います。
しろい　くるまが　7だい　とまって　います。
ちがいは　なんだいですか。

しき ☐ － ☐ ＝ ☐

こたえ _____

② いぬが　4ひき　います。ねこが　8ひき
います。ちがいは　なんびきですか。

しき ☐ － ☐ ＝ ☐

こたえ _____

③ おとなが　5にん　います。こどもが　8にん
います。ちがいは　なんにんですか。

しき ☐ － ☐ ＝ ☐

こたえ _____

ひきざん ⑪
ちがいは　いくつ

① えを　みて　6−4の　しきに　なる　もんだい
を　つくりましょう。

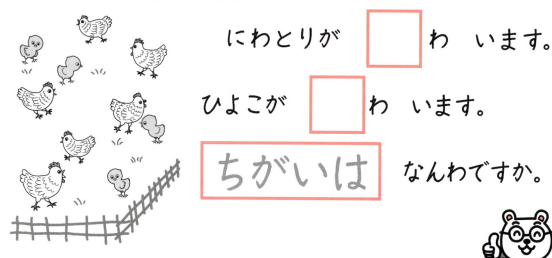

にわとりが　☐　わ　います。

ひよこが　☐　わ　います。

ちがいは　なんわですか。

② えを　みて　6−3の　しきに　なる　もんだい
を　つくりましょう。

がつ　　にち　なまえ

ひきざん ⑫
ちがいは　いくつ

① えを　みて　9−5の　しきに　なる　もんだい
を　つくりましょう。

② えを　みて　10−8の　しきに　なる　もんだい
を　つくりましょう。

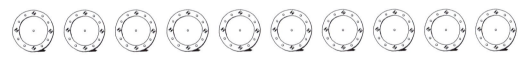

ひきざん ⑬
10までの　ひきざん

 つぎの　けいさんを　しましょう。

① $4-2=$

② $5-4=$

③ $9-7=$

④ $6-1=$

⑤ $10-5=$

⑥ $7-2=$

⑦ $8-5=$

⑧ $9-8=$

⑨ $6-3=$

⑩ $10-4=$

⑪ $3-1=$

⑫ $8-3=$

⑬ $10-9=$

⑭ $5-3=$

⑮ $9-2=$

ひきざん ⑭
10までの　ひきざん

 つぎの　けいさんを　しましょう。

① $8 - 1 =$ 　　② $9 - 5 =$

③ $6 - 2 =$ 　　④ $9 - 3 =$

⑤ $7 - 1 =$ 　　⑥ $8 - 2 =$

⑦ $10 - 6 =$ 　　⑧ $4 - 1 =$

⑨ $7 - 4 =$ 　　⑩ $10 - 3 =$

⑪ $8 - 4 =$ 　　⑫ $5 - 1 =$

⑬ $9 - 6 =$ 　　⑭ $10 - 1 =$

⑮ $7 - 6 =$

ひきざん ⑮
10までの　ひきざん

 つぎの　けいさんを　しましょう。

① $5-2=$　　② $9-1=$

③ $7-3=$　　④ $8-7=$

⑤ $10-8=$　　⑥ $4-3=$

⑦ $6-5=$　　⑧ $8-6=$

⑨ $2-1=$　　⑩ $10-2=$

⑪ $3-2=$　　⑫ $7-5=$

⑬ $9-4=$　　⑭ $6-4=$

⑮ $10-7=$

ひきざん ⑯
10までの　ひきざん

 つぎの　けいさんを　しましょう。

① 3－1＝

② 7－3＝

③ 10－8＝

④ 8－3＝

⑤ 7－2＝

⑥ 8－1＝

⑦ 10－3＝

⑧ 6－2＝

⑨ 9－4＝

⑩ 7－1＝

⑪ 8－2＝

⑫ 9－6＝

⑬ 10－6＝

⑭ 4－2＝

⑮ 9－3＝

ひきざん ⑰
10までの ひきざん

 つぎの けいさんを しましょう。

① 5－2＝

② 10－7＝

③ 6－5＝

④ 8－1＝

⑤ 9－6＝

⑥ 4－3＝

⑦ 7－5＝

⑧ 10－1＝

⑨ 3－2＝

⑩ 8－7＝

⑪ 4－1＝

⑫ 9－4＝

⑬ 6－2＝

⑭ 5－1＝

⑮ 8－3＝

⑯ 7－3＝

⑰ 10－4＝

⑱ 6－1＝

⑲ 9－3＝

⑳ 3－1＝

がつ　　　にち　なまえ

ひきざん ⑱
10までの　ひきざん

 つぎの　けいさんを　しましょう。

① $8 - 6 =$　　　② $5 - 3 =$

③ $9 - 2 =$　　　④ $10 - 3 =$

⑤ $7 - 5 =$　　　⑥ $8 - 2 =$

⑦ $6 - 3 =$　　　⑧ $10 - 1 =$

⑨ $3 - 2 =$　　　⑩ $9 - 5 =$

⑪ $8 - 7 =$　　　⑫ $10 - 7 =$

⑬ $2 - 1 =$　　　⑭ $8 - 4 =$

⑮ $7 - 2 =$　　　⑯ $9 - 1 =$

⑰ $6 - 4 =$　　　⑱ $10 - 2 =$

⑲ $4 - 3 =$　　　⑳ $8 - 1 =$

ひきざん ⑲
0の　ひきざん

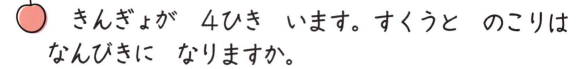
きんぎょが　4ひき　います。すくうと　のこりは
なんびきに　なりますか。

①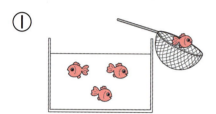

1ぴき　すくうと

$$4 - 1 = \boxed{}$$

②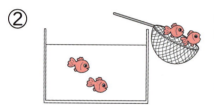

2ひき　すくうと

$$4 - 2 = \boxed{}$$

③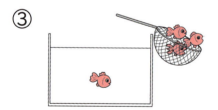

3びき　すくうと

$$4 - 3 = \boxed{}$$

④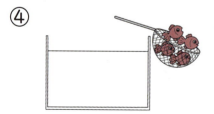

4ひき　すくうと

$$4 - 4 = \boxed{}$$

⑤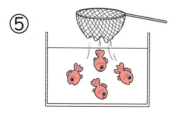

すくえないと

$$4 - 0 = \boxed{}$$

ひきざん ⑳
0の　ひきざん

 つぎの　けいさんを　しましょう。

① 4−0=

② 2−2=

③ 8−8=

④ 10−0=

⑤ 3−3=

⑥ 7−7=

⑦ 1−0=

⑧ 9−9=

⑨ 5−5=

⑩ 0−0=

⑪ 6−0=

⑫ 9−0=

⑬ 3−0=

⑭ 10−10=

⑮ 2−0=

⑯ 1−1=

⑰ 8−0=

⑱ 5−0=

⑲ 7−0=

⑳ 4−4=

がつ　　　にち　なまえ

10までの　ひきざん

/50
てん

① つぎの　けいさんを　しましょう。

（1もん5てん／30てん）

① 8－5＝　　② 10－4＝

③ 6－3＝　　④ 9－7＝

⑤ 3－0＝　　⑥ 5－2＝

② とりが　9わ　いました。　5わ　とんで
いきました。
　のこりは　なんわ　ですか。

（しき5てん、こたえ5てん／10てん）

しき

こたえ

③ こうえんに　こどもが　8にん　います。
4にん　かえりました。
のこりは　なんにん　ですか。

（しき5てん、こたえ5てん／10てん）

しき

こたえ

がつ　　にち　**なまえ**

まとめ ⑧
10までの　ひきざん

/50
てん

① つぎの　けいさんを　しましょう。

（1もん5てん／30てん）

① 5−3＝ 　　② 9−6＝

③ 10−7＝ 　　④ 7−4＝

⑤ 8−2＝ 　　⑥ 6−0＝

② いちごが　9こ　あります。3こ　たべました。
のこりは　なんこですか。

（しき5てん、こたえ5てん／10てん）

しき

こたえ

③ ねこが　5ひき　います。いぬが　7ひき　います。
ちがいは　なんびき　ですか。

（しき5てん、こたえ5てん／10てん）

しき

こたえ

おおきい　かず ①

10より　おおきい　かず

🍎 なんこ　ありますか。☐に　かずを
かきましょう。

①

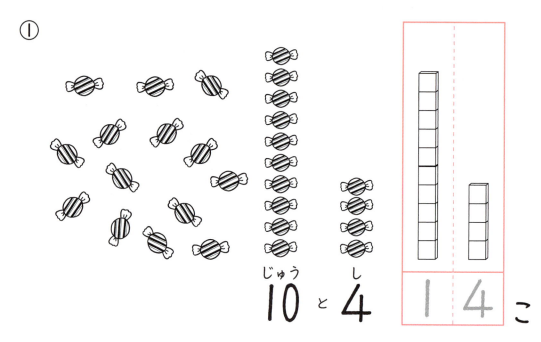

じゅう　　し
10 と 4 ┃ ┃4┃こ

②

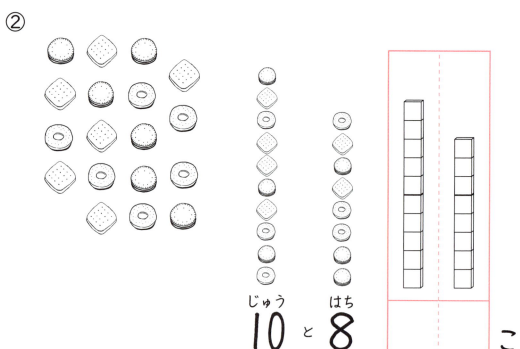

じゅう　　はち
10 と 8 ┃ ┃こ

おおきい　かず ②
10より　おおきい　かず

🍎 タイルを　すうじに　かえて、　［　］に かきましょう。

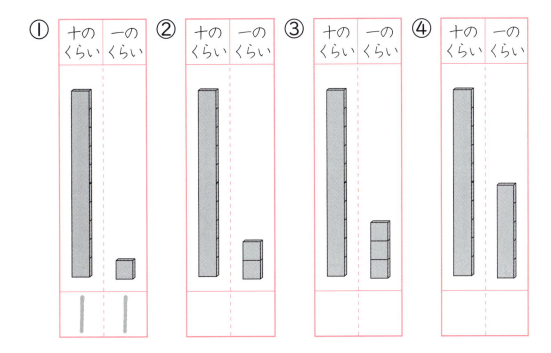

① 十の くらい｜一の くらい

② 十の くらい｜一の くらい

③ 十の くらい｜一の くらい

④ 十の くらい｜一の くらい

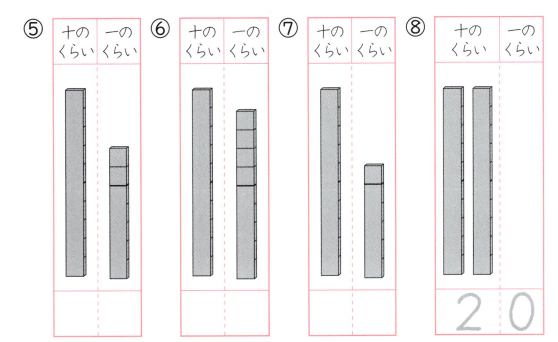

⑤ 十の くらい｜一の くらい

⑥ 十の くらい｜一の くらい

⑦ 十の くらい｜一の くらい

⑧ 十の くらい｜一の くらい

おおきい　かず ③

10より　おおきい　かず

🍎 すうじの　かずだけ　タイルに　いろを
ぬりましょう。

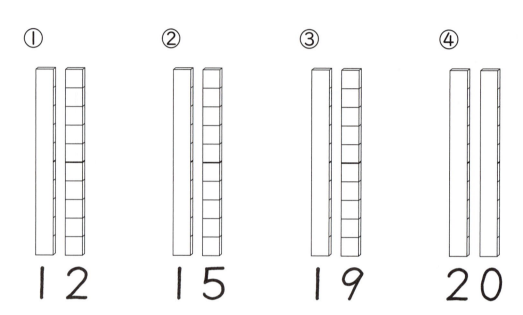

① 12　② 15　③ 19　④ 20

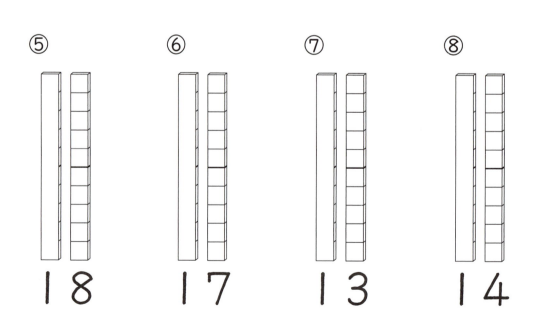

⑤ 18　⑥ 17　⑦ 13　⑧ 14

おおきい　かず ④
10より　おおきい　かず

 □に　かずを　かきましょう。

① 10 と 9 で 19

② 10 と 10 で □

③ 10 と 1 で □

④ 10 と 3 で □

⑤ 10 と 2 で □

⑥ 10 と 8 で □

⑦ 10 と 4 で □

⑧ 10 と 7 で □

⑨ 10 と 5 で □

⑩ 10 と 6 で □

⑪ 15 は 10 と 5

⑫ 17 は 10 と □

⑬ 12 は 10 と □

⑭ 16 は 10 と □

⑮ 11 は 10 と □

⑯ 19 は 10 と □

⑰ 18 は 10 と □

⑱ 13 は 10 と □

⑲ 20 は 10 と □

⑳ 14 は 10 と □

おおきい　かず ⑤
たしざん

 つぎの　けいさんを　しましょう。

① $14+3=$ 　② $13+4=$

③ $10+6=$ 　④ $15+3=$

⑤ $11+6=$ 　⑥ $10+1=$

⑦ $12+5=$ 　⑧ $17+2=$

⑨ $10+7=$ 　⑩ $15+1=$

⑪ $12+6=$ 　⑫ $16+3=$

⑬ $11+7=$ 　⑭ $12+3=$

⑮ $11+8=$ 　⑯ $16+1=$

⑰ $13+2=$ 　⑱ $10+8=$

⑲ $18+1=$ 　⑳ $12+4=$

おおきい　かず ⑥
ひきざん

 つぎの　けいさんを　しましょう。

① 14 − 4 =

② 17 − 3 =

③ 15 − 2 =

④ 19 − 4 =

⑤ 12 − 2 =

⑥ 19 − 6 =

⑦ 18 − 3 =

⑧ 16 − 6 =

⑨ 19 − 2 =

⑩ 17 − 4 =

⑪ 11 − 1 =

⑫ 16 − 3 =

⑬ 17 − 7 =

⑭ 18 − 6 =

⑮ 13 − 3 =

⑯ 18 − 1 =

⑰ 16 − 5 =

⑱ 17 − 2 =

⑲ 19 − 1 =

⑳ 16 − 4 =

がつ　　にち　なまえ

たしざん ㉑
くりあがりの　ある　たしざん

🍎　まなさんは　どんぐりを　9こ　ひろいました。
また　4こ　ひろいました。どんぐりは、
ぜんぶで　なんこに　なりましたか。

① なにざんに　なりますか。

② けいさんの　しかたを　かんがえましょう。

1と3

$9 + 4$

10を
つくります

1　3

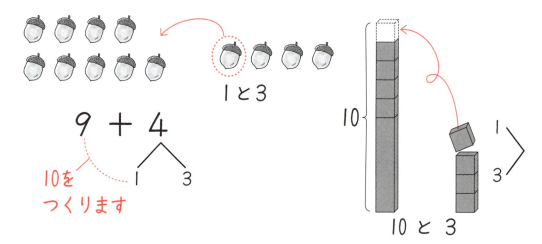

10と3

③ しきと　こたえを　かきましょう。

$9 + 4 = 13$

こたえ 　　　　　　　こ

人

たしざん ㉒
くりあがりの　ある　たしざん

① ○の　なかに　かずを　いれて、たしざんを　しましょう。

① $9+4=$ 　　⟨①③⟩

② $9+6=$ 　　⟨①○⟩

③ $9+7=$ 　　⟨○○⟩

④ $9+2=$ 　　⟨○○⟩

② つぎの　けいさんを　しましょう。

① $9+5=$ 　　1 4

② $9+9=$ 　　1

③ $9+2=$

④ $9+7=$

⑤ $9+3=$

⑥ $9+6=$

⑦ $9+8=$

⑧ $9+4=$

たしざん ㉓
くりあがりの ある たしざん

🍎 みかんが 8こ あります。おかあさんから 6こ もらいました。ぜんぶで なんこに なりましたか。

たす

① しきを かきましょう。

$$8 + 6$$

② けいさんの しかたを かんがえましょう。

2と4

$$8 + 6$$

10を
つくります
2 4

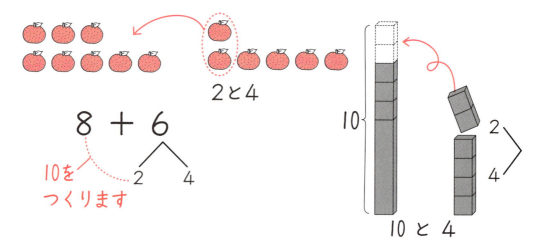

10

10 と 4

③ しきと こたえを かきましょう。
しき

こたえ　　　　こ

たしざん ㉔
くりあがりの　ある　たしざん

① ◯の　なかに　かずを　いれて、たしざんを　しましょう。

① $8+3=$
　　②　①

② $8+7=$
　　②　◯

③ $8+6=$
　　◯　◯

④ $8+8=$
　　◯　◯

② つぎの　けいさんを　しましょう。

① $8+4=$
　　2　2

② $8+8=$
　　2

③ $8+6=$

④ $8+3=$

⑤ $8+9=$

⑥ $8+5=$

⑦ $8+2=$

⑧ $8+7=$

たしざん ㉕

くりあがりの　ある　たしざん

 つぎの　けいさんを　しましょう。

① 5＋9＝

② 6＋7＝

③ 8＋8＝

④ 9＋7＝

⑤ 6＋8＝

⑥ 9＋5＝

⑦ 7＋6＝

⑧ 3＋9＝

⑨ 8＋3＝

⑩ 9＋4＝

⑪ 5＋6＝

⑫ 7＋8＝

⑬ 6＋9＝

⑭ 7＋9＝

⑮ 6＋6＝

⑯ 2＋9＝

⑰ 5＋7＝

⑱ 9＋9＝

⑲ 8＋5＝

⑳ 7＋7＝

たしざん ㉖
くりあがりの　ある　たしざん

 つぎの　けいさんを　しましょう。

① $8+9=$　　② $4+7=$

③ $9+2=$　　④ $4+8=$

⑤ $7+4=$　　⑥ $8+6=$

⑦ $9+8=$　　⑧ $7+5=$

⑨ $3+8=$　　⑩ $9+6=$

⑪ $8+4=$　　⑫ $6+7=$

⑬ $5+9=$　　⑭ $6+9=$

⑮ $6+6=$　　⑯ $7+8=$

⑰ $9+3=$　　⑱ $6+8=$

⑲ $5+6=$　　⑳ $7+6=$

たしざん ㉗
くりあがりの　ある　たしざん

 つぎの　けいさんを　しましょう。

① 7＋4＝　　　　② 3＋8＝

③ 9＋7＝　　　　④ 7＋5＝

⑤ 8＋3＝　　　　⑥ 4＋8＝

⑦ 5＋7＝　　　　⑧ 8＋8＝

⑨ 4＋9＝　　　　⑩ 7＋7＝

⑪ 9＋5＝　　　　⑫ 8＋7＝

⑬ 2＋9＝　　　　⑭ 8＋9＝

⑮ 9＋2＝　　　　⑯ 8＋4＝

⑰ 9＋8＝　　　　⑱ 5＋8＝

⑲ 4＋7＝　　　　⑳ 8＋6＝

たしざん ㉘

くりあがりの　ある　たしざん

 つぎの　けいさんを　しましょう。

① $9+8=$　　② $7+4=$

③ $9+9=$　　④ $6+8=$

⑤ $7+6=$　　⑥ $4+8=$

⑦ $9+7=$　　⑧ $8+6=$

⑨ $5+9=$　　⑩ $6+7=$

⑪ $8+9=$　　⑫ $7+7=$

⑬ $5+8=$　　⑭ $6+9=$

⑮ $8+7=$　　⑯ $6+5=$

⑰ $3+9=$　　⑱ $8+3=$

⑲ $9+5=$　　⑳ $8+4=$

がつ　　にち　なまえ

たしざん ㉙
くりあがりの　ある　たしざん

 つぎの　けいさんを　しましょう。

① 4＋9＝　　　　　② 5＋7＝

③ 9＋2＝　　　　　④ 7＋5＝

⑤ 9＋3＝　　　　　⑥ 3＋8＝

⑦ 9＋6＝　　　　　⑧ 2＋9＝

⑨ 5＋9＝　　　　　⑩ 7＋8＝

⑪ 9＋5＝　　　　　⑫ 7＋9＝

⑬ 8＋6＝　　　　　⑭ 6＋7＝

⑮ 8＋9＝　　　　　⑯ 5＋8＝

⑰ 8＋7＝　　　　　⑱ 5＋6＝

⑲ 7＋4＝　　　　　⑳ 3＋9＝

㉑ 8＋8＝　　　　　㉒ 4＋8＝

㉓ 6＋6＝　　　　　㉔ 8＋3＝

㉕ 6＋9＝

たしざん ㉚
くりあがりの　ある　たしざん

 つぎの　けいさんを　しましょう。

① $7+6=$　　② $8+5=$

③ $9+7=$　　④ $4+9=$

⑤ $7+5=$　　⑥ $9+9=$

⑦ $7+7=$　　⑧ $9+3=$

⑨ $6+8=$　　⑩ $9+6=$

⑪ $2+9=$　　⑫ $5+7=$

⑬ $9+2=$　　⑭ $6+5=$

⑮ $8+4=$　　⑯ $9+8=$

⑰ $3+8=$　　⑱ $9+4=$

⑲ $4+7=$　　⑳ $6+6=$

㉑ $8+7=$　　㉒ $6+9=$

㉓ $8+8=$　　㉔ $9+5=$

㉕ $7+4=$

たしざん ㉛
くりあがりの　ある　たしざん

 つぎの　けいさんを　しましょう。

① $7+5=$　　　② $9+9=$

③ $6+8=$　　　④ $2+9=$

⑤ $8+6=$　　　⑥ $9+4=$

⑦ $5+8=$　　　⑧ $9+6=$

⑨ $4+8=$　　　⑩ $5+6=$

⑪ $8+3=$　　　⑫ $7+6=$

⑬ $4+9=$　　　⑭ $9+3=$

⑮ $8+4=$　　　⑯ $7+9=$

⑰ $8+5=$　　　⑱ $4+7=$

⑲ $3+9=$　　　⑳ $7+7=$

㉑ $9+8=$　　　㉒ $5+7=$

㉓ $6+5=$　　　㉔ $3+8=$

㉕ $9+7=$

たしざん ㉜
くりあがりの　ある　たしざん

 つぎの　けいさんを　しましょう。

① $8+9=$　　② $6+7=$

③ $7+8=$　　④ $5+9=$

⑤ $9+2=$　　⑥ $7+9=$

⑦ $9+8=$　　⑧ $5+6=$

⑨ $2+9=$　　⑩ $9+6=$

⑪ $7+4=$　　⑫ $6+9=$

⑬ $8+7=$　　⑭ $6+5=$

⑮ $9+3=$　　⑯ $8+4=$

⑰ $9+9=$　　⑱ $8+6=$

⑲ $7+5=$　　⑳ $9+7=$

㉑ $8+8=$　　㉒ $4+7=$

㉓ $5+8=$　　㉔ $6+8=$

㉕ $8+3=$

がつ　　にち　なまえ

たしざん ㉝
もんだいを　つくる

① えを　みて　8＋7の　しきに　なる　もんだいを
つくりましょう。

ともこ

たかし

ともこさんは　どんぐりを　□こ、たかしさん

は　どんぐりを　□こ　ひろいました。

あわせて　なんこですか。

② えを　みて　5＋6の　しきに　なる　もんだいを
つくりましょう。

つばめが　□わ　とまって　います。

そこへ　□わ　とんでくると

ぜんぶで　なんわに　なりますか。

たしざん ㉞
もんだいを　つくる

① えを　みて　9＋3の　しきに　なる　もんだいを
つくりましょう。

② 7＋8の　しきに　なる　もんだいを
つくりましょう。

がつ　　　にち　**なまえ**

まとめ ⑨

くりあがりの　ある　たしざん /50てん

⭐⭐
① つぎの　けいさんを　しましょう。

（1もん5てん／30てん）

① $7+6=$　　② $5+8=$

③ $9+9=$　　④ $4+7=$

⑤ $6+9=$　　⑥ $8+8=$

⭐⭐⭐
② あかい　はなが　6ぽん、しろい　はなが　8ほん
あります。あわせて　なんぼん　ですか。

（しき5てん、こたえ5てん／10てん）

しき

こたえ

⭐⭐⭐
③ バスに　7にん　のって　いました。
5にん　のって　きました。
あわせて　なんにんに　なりましたか。

（しき5てん、こたえ5てん／10てん）

しき

こたえ

まとめ ⑩
くりあがりの ある たしざん /50てん

 ① つぎの けいさんを しましょう。 （1もん5てん／30てん）

① 3＋9＝   ② 4＋8＝

③ 8＋7＝   ④ 6＋5＝

⑤ 7＋9＝   ⑥ 9＋4＝

 ② とりが 9わ いました。5わ とんで きました。
あわせて なんわに なりましたか。 （しき5てん、こたえ5てん／10てん）

しき

こたえ

③ いろがみを わたしが 8まい、いもうとが 5まい
もっています。 あわせて なんまい ですか。
（しき5てん、こたえ5てん／10てん）

しき

こたえ

ひきざん ㉑
くりさがりの　ある　ひきざん

ゆうとさんは　どんぐりを　16こ　ひろいました。
おとうとに　9こ　あげました。
どんぐりは　なんこ　のこって　いますか。

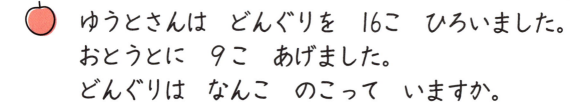

→ 9こ　あげる

① なにざんに　なりますか。

② けいさんの　しかたを　かんがえましょう。

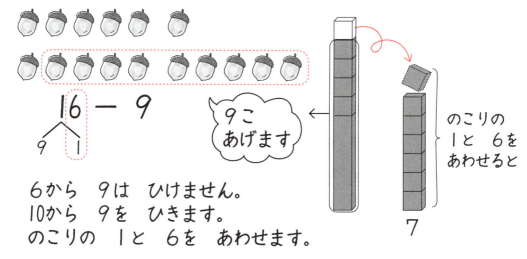

16 − 9

9　1

9こ
あげます

のこりの
1と　6を
あわせると

7

6から　9は　ひけません。
10から　9を　ひきます。
のこりの　1と　6を　あわせます。

③ しきと　こたえを　かきましょう。

$$16 - 9 = 7$$

こたえ　　　　　　こ

ひきざん ㉒
くりさがりの　ある　ひきざん

 つぎの　けいさんを　しましょう。

① 13 − 9 = ☐

(1)　3から　9は　ひけません。
(2)　10ひく　9は　1。
(3)　1と　3で　4。

② 17 − 9 = ☐

(1)　7から　9は　ひけません。
(2)　10ひく　9は　1。
(3)　1と　7で　…。

③ 15 − 9 = ☐

④ 14 − 9 = ☐

⑤ 18 − 9 = ☐

⑥ 11 − 9 = ☐

⑦ 16 − 9 = ☐

⑧ 12 − 9 = ☐

ひきざん ㉓
くりさがりの　ある　ひきざん

🍎　えんぴつが　17ほん　あります。8ほん　けずる
と、けずって　いない　えんぴつは　なんぼんに
なりますか。

①　しきを　かきましょう。

17 － 8

②　けいさんの　しかたを　かんがえましょう。

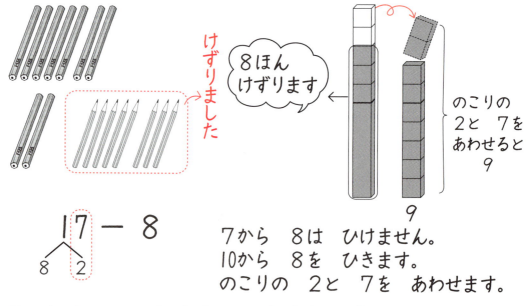

けずりました

8ほん
けずります

のこりの
2と　7を
あわせると
9

9

17 － 8

8　2

7から　8は　ひけません。
10から　8を　ひきます。
のこりの　2と　7を　あわせます。

③　しきと　こたえを　かきましょう。

しき

こたえ　　　　ほん

がつ　　　にち　なまえ

ひきざん ㉔
くりさがりの　ある　ひきざん

　つぎの　けいさんを　しましょう。

① 11 − 8 = ☐
　8 と 2

(1)　1から　8は　ひけません。
(2)　10ひく　8は　2。
(3)　2と　1で　3。

② 14 − 8 = ☐
　8 と 2

(1)　4から　8は　ひけません。
(2)　10ひく　8は　2。
(3)　2と　4で　…。

③ 16 − 8 = ☐
　8 と 2

④ 12 − 8 = ☐
　8 と 2

⑤ 15 − 8 = ☐
　8 と 2

⑥ 13 − 8 = ☐
　8 と 2

⑦ 17 − 8 = ☐
　8 と 2

ひきざん ㉕
くりさがりの　ある　ひきざん

 つぎの　けいさんを　しましょう。

① $15 - 8 =$　　② $11 - 9 =$

③ $13 - 4 =$　　④ $14 - 9 =$

⑤ $12 - 3 =$　　⑥ $18 - 9 =$

⑦ $13 - 8 =$　　⑧ $12 - 9 =$

⑨ $17 - 8 =$　　⑩ $15 - 6 =$

⑪ $12 - 4 =$　　⑫ $14 - 5 =$

⑬ $11 - 3 =$　　⑭ $14 - 8 =$

⑮ $12 - 7 =$　　⑯ $11 - 2 =$

⑰ $16 - 7 =$　　⑱ $13 - 9 =$

⑲ $12 - 6 =$　　⑳ $15 - 9 =$

ひきざん ㉖
くりさがりの　ある　ひきざん

 つぎの　けいさんを　しましょう。

① $15 - 7 =$ 　　② $13 - 6 =$

③ $11 - 7 =$ 　　④ $17 - 9 =$

⑤ $14 - 6 =$ 　　⑥ $12 - 8 =$

⑦ $16 - 9 =$ 　　⑧ $11 - 6 =$

⑨ $16 - 8 =$ 　　⑩ $13 - 5 =$

⑪ $11 - 8 =$ 　　⑫ $15 - 9 =$

⑬ $14 - 5 =$ 　　⑭ $18 - 9 =$

⑮ $14 - 8 =$ 　　⑯ $16 - 7 =$

⑰ $13 - 8 =$ 　　⑱ $12 - 7 =$

⑲ $13 - 9 =$ 　　⑳ $11 - 4 =$

ひきざん ㉗
くりさがりの　ある　ひきざん

 つぎの　けいさんを　しましょう。

① $11 - 8 =$ 　　② $17 - 9 =$

③ $11 - 6 =$ 　　④ $16 - 9 =$

⑤ $14 - 6 =$ 　　⑥ $11 - 9 =$

⑦ $15 - 7 =$ 　　⑧ $13 - 4 =$

⑨ $16 - 8 =$ 　　⑩ $11 - 3 =$

⑪ $15 - 6 =$ 　　⑫ $12 - 5 =$

⑬ $11 - 7 =$ 　　⑭ $12 - 8 =$

⑮ $14 - 9 =$ 　　⑯ $11 - 2 =$

⑰ $12 - 6 =$ 　　⑱ $13 - 7 =$

⑲ $12 - 4 =$ 　　⑳ $13 - 6 =$

ひきざん ㉘
くりさがりの　ある　ひきざん

 つぎの　けいさんを　しましょう。

① 14－9＝

② 11－4＝

③ 18－9＝

④ 14－6＝

⑤ 17－8＝

⑥ 12－3＝

⑦ 16－8＝

⑧ 13－6＝

⑨ 15－9＝

⑩ 11－6＝

⑪ 14－5＝

⑫ 11－9＝

⑬ 12－6＝

⑭ 13－9＝

⑮ 16－7＝

⑯ 12－9＝

⑰ 13－7＝

⑱ 11－5＝

⑲ 17－9＝

⑳ 14－8＝

ひきざん ㉙
くりさがりの　ある　ひきざん

 つぎの　けいさんを　しましょう。

① 11−8＝　　　　② 12−4＝

③ 11−2＝　　　　④ 15−8＝

⑤ 11−7＝　　　　⑥ 15−6＝

⑦ 12−8＝　　　　⑧ 13−4＝

⑨ 17−8＝　　　　⑩ 14−7＝

⑪ 12−3＝　　　　⑫ 11−5＝

⑬ 13−5＝　　　　⑭ 12−9＝

⑮ 16−7＝　　　　⑯ 13−9＝

⑰ 14−5＝　　　　⑱ 13−7＝

⑲ 11−6＝　　　　⑳ 15−9＝

㉑ 14−6＝　　　　㉒ 12−5＝

㉓ 16−9＝　　　　㉔ 13−8＝

㉕ 11−9＝

ひきざん ㉚
くりさがりの　ある　ひきざん

 つぎの　けいさんを　しましょう。

① 15－8＝　　　　② 18－9＝

③ 11－4＝　　　　④ 14－8＝

⑤ 12－7＝　　　　⑥ 16－8＝

⑦ 14－9＝　　　　⑧ 11－3＝

⑨ 15－7＝　　　　⑩ 12－6＝

⑪ 11－8＝　　　　⑫ 13－6＝

⑬ 17－9＝　　　　⑭ 12－4＝

⑮ 15－6＝　　　　⑯ 11－7＝

⑰ 12－8＝　　　　⑱ 11－2＝

⑲ 13－4＝　　　　⑳ 12－9＝

㉑ 16－9＝　　　　㉒ 12－3＝

㉓ 14－5＝　　　　㉔ 13－9＝

㉕ 16－7＝

ひきざん ㉛
くりさがりの　ある　ひきざん

 つぎの　けいさんを　しましょう。

① $14-7=$　　② $11-3=$

③ $17-8=$　　④ $13-7=$

⑤ $12-5=$　　⑥ $16-8=$

⑦ $11-7=$　　⑧ $14-9=$

⑨ $12-4=$　　⑩ $18-9=$

⑪ $11-6=$　　⑫ $15-8=$

⑬ $13-5=$　　⑭ $12-6=$

⑮ $14-8=$　　⑯ $15-6=$

⑰ $11-9=$　　⑱ $14-6=$

⑲ $11-2=$　　⑳ $15-9=$

㉑ $13-6=$　　㉒ $11-4=$

㉓ $12-8=$　　㉔ $15-7=$

㉕ $11-5=$

ひきざん ㉜
くりさがりの　ある　ひきざん

 つぎの　けいさんを　しましょう。

① $13-4=$

② $12-7=$

③ $11-8=$

④ $17-9=$

⑤ $13-8=$

⑥ $11-9=$

⑦ $14-5=$

⑧ $11-4=$

⑨ $16-7=$

⑩ $12-9=$

⑪ $15-7=$

⑫ $13-9=$

⑬ $14-8=$

⑭ $11-7=$

⑮ $18-9=$

⑯ $17-8=$

⑰ $11-2=$

⑱ $14-9=$

⑲ $12-6=$

⑳ $13-7=$

㉑ $15-6=$

㉒ $11-5=$

㉓ $16-9=$

㉔ $12-3=$

㉕ $15-9=$

ひきざん ㉝
もんだいを　つくる

① えを　みて 12−3の　しきに　なる　もんだいを
つくりましょう。

りんごが　〔　　〕こ　あります。

〔　　〕こ　たべました。

〔のこりは〕　なんこに　なりましたか。

② えを　みて 13−9の　しきに　なる　もんだいを
つくりましょう。

いぬが　〔　　　〕びき　います。

ねこは　〔　　〕ひき　います。

いぬは　なんびき　〔おおい〕ですか。

ひきざん ㉞
もんだいを　つくる

① えを　みて　11−5の　しきに　なる　もんだいを
つくりましょう。

② えを　みて　15−8の　しきに　なる　もんだいを
つくりましょう。

まとめ ⑪
くりさがりの　ある　ひきざん /50てん

① つぎの　けいさんを　しましょう。　（1もん5てん／30てん）

① 12−5＝　　　② 14−6＝

③ 17−9＝　　　④ 11−3＝

⑤ 15−8＝　　　⑥ 16−7＝

② あかい　ふうせんが　11こ、しろい　ふうせんが
8こ　あります。ちがいは　なんこですか。

（しき5てん、こたえ5てん／10てん）

しき

こたえ

③ いちごが　13こ　あります。7こ　たべました。
のこりは　なんこに　なりましたか。

（しき5てん、こたえ5てん／10てん）

しき

こたえ

がつ　　にち　**なまえ**

まとめ ⑫
くりさがりの　ある　ひきざん ／50てん

① つぎの　けいさんを　しましょう。 （1もん5てん／30てん）

① 15−6＝　　　② 12−4＝

③ 13−5＝　　　④ 17−8＝

⑤ 18−9＝　　　⑥ 14−7＝

② こうえんで　こどもが　11にん　あそんで　いました。
5にん　かえりました。のこりは　なんにんですか。

（しき5てん、こたえ5てん／10てん）

しき

こたえ

③ めだかが　7ひき、きんぎょが　16ぴき　います。
ちがいは　なんびきですか。 （しき5てん、こたえ5てん／10てん）

しき

こたえ

ながさ ①
ながさくらべ

① どちらが　ながいですか。ながい　ほうに　○を
つけましょう。

① ほうき　　　　　　　　② クレパス

あ　　　　　　い　　　　　　　あ　　　　　　い

（　　　）　（　　　）　　　（　　　）　（　　　）

② どれが　いちばん　ながいですか。いちばん
ながい　ものに　○を　つけましょう。

① えんぴつ　　　　　　　② かさ

あ（　　）　　　　　　　　あ（　　）

い（　　）　　　　　　　　い（　　）

う（　　）　　　　　　　　う（　　）

③ ひも　　　　　　　　　④ テープ

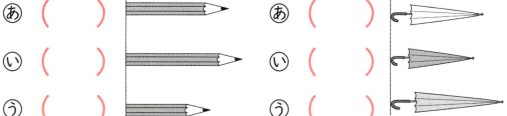

あ（　　）　　　　　　　　あ（　　）

い（　　）　　　　　　　　い（　　）

う（　　）　　　　　　　　う（　　）

ながさ ②
ながさくらべ

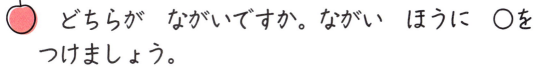

どちらが　ながいですか。ながい　ほうに　○を
つけましょう。

① かみの　たてと　よこ

 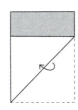

あ たて （　　　）

い よこ （　　　）

② あ きの　みきの
　　 まわり

い でんしんばしらの
　　 まわり

あ （　　　　　）

い （　　　　　）

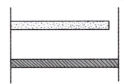

③ ほんの　たてと　よこ

あ たて （　　　）

い よこ （　　　）

④ ほんの　たてと　よこ

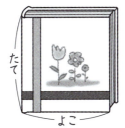

あ たて （　　　）

い よこ （　　　）

ながさ ③
ながさくらべ

けいさんカードを　つかって　ながさくらべを
しました。　ながい　ほうに　○を　つけましょう。

① ペンと　えんぴつ　　② えほんの　たてと　よこ

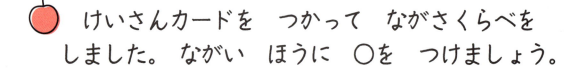

あ（　　　）　い（　　　）

あ たて
（　　　　）

い よこ
（　　　　）

③ くっ

あ（　）せんせいの　くつは　カード　4まい
　　　と　すこし　ありました。

い（　）ぼくの　くつは　カード　3まいと
　　　すこし　ありました。

④ きゅうしょくの　おぼん

あ（　）おぼんの　たては　カード　5まいと
　　　すこし　ありました。

い（　）おぼんの　よこは　カード　7まいと
　　　すこし　ありました。

ながさ ④
ながさくらべ

① ますめ　なんこぶんの　ながさですか。

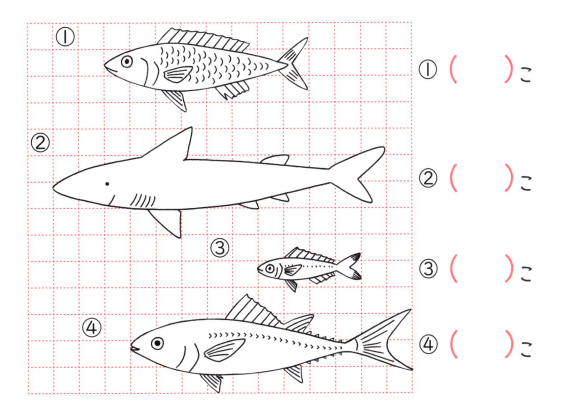

① (　)こ

② (　)こ

③ (　)こ

④ (　)こ

② ながい　じゅんに　ばんごうを　つけましょう。

あ (　)

い (　)

う (　)

え (　)

お (　)

ひろさ ①
ひろさくらべ

🍎　どちらが　ひろいですか。ひろい　ほうに　〇を
つけましょう。

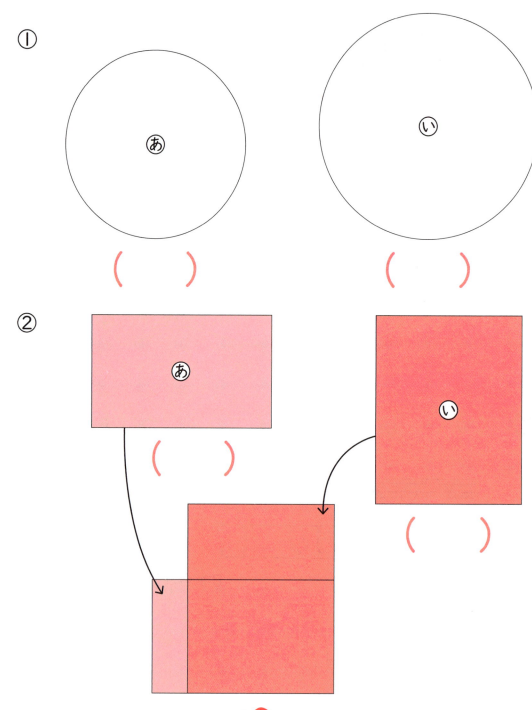

① あ　（　　　）　い　（　　　）

② あ　（　　　）　い　（　　　）

ひろさ ②
ひろさくらべ

どちらが ひろいですか。ひろい ほうに ○を
つけましょう。

① 　　　（　　　　　　）　　　（　　　　　　）

② 　　　（　　　　　　）　　　（　　　　　　）

③ 　　　（　　　　　　）　　　（　　　　　　）

かさ ①
かさくらべ

① どちらの　かさが　おおいですか。
おおい　ほうに　○を　つけましょう。

あ　　　　　　　　　　　　　　　　い

（　　　）　　　　　　　　　　　（　　　）

② どれが　いちばん　おおいですか。
いちばん　おおい　ものに　○を　つけましょう。

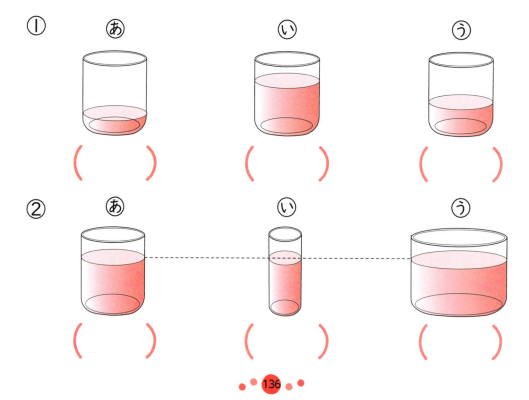

① あ　　　　　　　　い　　　　　　　　う

（　　　）　　　　（　　　）　　　　（　　　）

② あ　　　　　　　　い　　　　　　　　う

（　　　）　　　　（　　　）　　　　（　　　）

かさ ②
かさくらべ

① どちらの　かさが　おおいですか。
おおい　ほうに　○を　つけましょう。

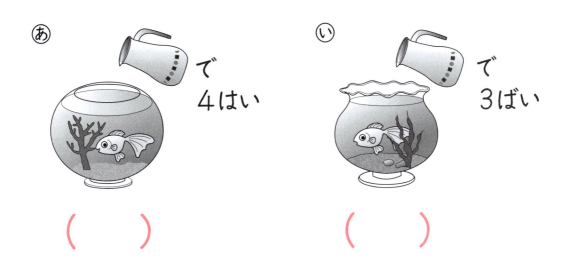

あ　で
4はい

い　で
3ばい

（　　　）　　　（　　　）

② どれが　いちばん　おおいですか。
いちばん　おおい　ものに　○を　つけましょう。

あ　で
19はい

い　で
20ぱい

う　で
22はい

（　　　）　　　（　　　）　　　（　　　）

がつ　　にち　なまえ

ものの　かたち ①
まるいもの・しかくいもの

いろいろな　かたちの　ものが　あります。

（　　）に　ばんごうを　いれて　なかまわけを
しましょう。はいらない　ものも　あります。

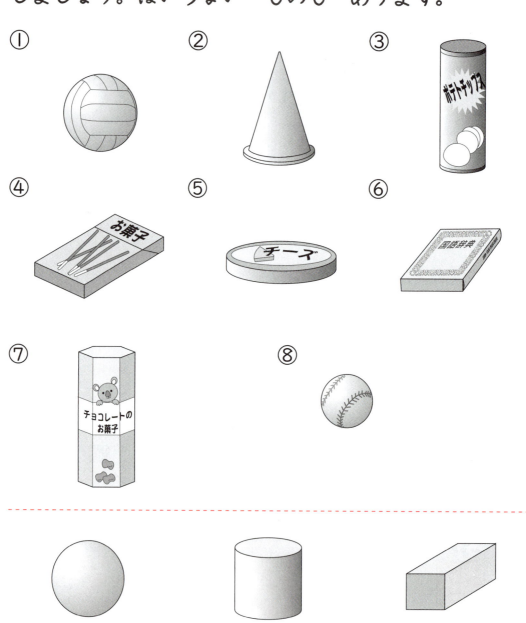

①　②　③

④　⑤　⑥

⑦　⑧

（　　　）（　　　）　（　　　）（　　　）　（　　　）（　　　）

ものの　かたち ②
まるいもの・しかくいもの

① どちらが　よく　ころがりますか。よく　ころがる
ものに　○を　つけましょう。

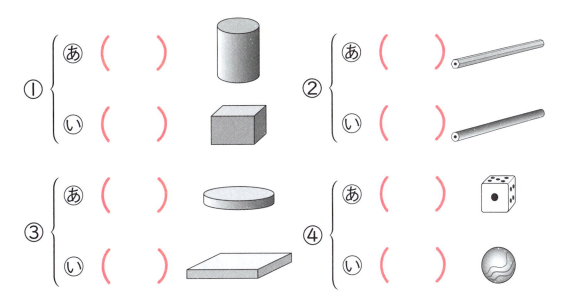

① あ（　　） 　 い（　　）

② あ（　　） 　 い（　　）

③ あ（　　） 　 い（　　）

④ あ（　　） 　 い（　　）

② ⬤🛢️▱の　かたちの　なかまを　それぞれ
なんこ　つかっていますか。

① （　　）こ

② （　　）こ

③ （　　）こ

なんばんめ ①
○ばん、○ばんめ

 ○で　かこみましょう。

まえ　　　　　　　　　　　　　　　　　　　　　　うしろ

① まえから
　4にん

② まえから
　5にんめ

③ うしろから
　3にん

④ うしろから
　5にんめ

⑤ まえから
　3にん

⑥ うしろから
　3にんめ

がつ　　　にち　なまえ

なんばんめ ②
○ばん、○ばんめ

 ○で かこみましょう。

ひだり　　　　　　　　　　　　　　　　　　　　　　みぎ

① みぎから
　2ほん

② みぎから
　4ほんめ

③ ひだりから
　3ぼん

④ ひだりから
　6ぽんめ

⑤ みぎから
　3ぼん

⑥ ひだりから
　4ほんめ

なんばんめ ③
○ばん、○ばんめ

🍎 えを　みて　こたえましょう。

① ふねには　みんなで　なんにん　のって　いますか。
（　　　　　　　）

② けんさんは　まえから　4ばんめに　のって　います。けんさんの　まえには　なんにん　のって　いますか。
（　　　　　　　）

③ けんさんの　うしろには　なんにん　のって　いますか。
（　　　　　　　）

④ みくさんの　うしろに　5にん　います。みくさんは　うしろから　なんばんめに　のって　いますか。
（　　　　　　　）

なんばんめ ④
○ばん、○ばんめ

 えを　みて　こたえましょう。

① にほんの　はた（⬚）は　どこに　ありますか。
うえから　なんばんめ、みぎから　なんばんめですか。

(　　　　　　　　　　　　　　　　　　　　　　　　)

② スイスの　はた（✚）は　どこに　ありますか。
うえから　なんばんめ、みぎから　なんばんめですか。

(　　　　　　　　　　　　　　　　　　　　　　　　)

③ アメリカの　はた（▦）は　どこに　ありますか。し
たから　なんばんめ、ひだりから　なんばんめですか。

(　　　　　　　　　　　　　　　　　　　　　　　　)

④ カナダの　はた（🍁）は　どこに　ありますか。した
から　なんばんめ、ひだりから　なんばんめですか。

(　　　　　　　　　　　　　　　　　　　　　　　　)

たしざん・ひきざん ①
3つの　かずの　けいさん

① すずめが　5わ
いました。

3わ
きました。

また　1わ
きました。

ぜんぶで　なんわに　なりましたか。

$$5+3+1=9$$

5に　3たして　8、8に　1たして　9

こたえ　　　　　9わ

② すずめが　7わ
いました。

3わ　とんで
いきました。

4わ　とんで
きました。

いま、すずめは　なんわ　いますか。

しき　□ － □ ＋ □ ＝ □

こたえ

たしざん・ひきざん ②
3つの　かずの　けいさん

① みかんが　8こ　ありました。そのうち　4こ
たべました。また　2こ　たべました。のこりは
なんこに　なりますか。

しき

こたえ _____

② みかんを　6こ　もっていました。
おとうさんから　4こ　もらいました。
おとうとに　3こ　あげました。
いま　なんこ　もっていますか。

しき

こたえ _____

たしざん・ひきざん ③
3つの　かずの　けいさん

 つぎの　けいさんを　しましょう。

① 2+3+4=　　　② 3+1+3=

③ 6+2+1=　　　④ 1+2+3=

⑤ 4+3+2=　　　⑥ 7+1+1=

⑦ 1+1+3=　　　⑧ 5+1+2=

⑨ 1+1+4=　　　⑩ 3+2+1=

⑪ 4+1+2=　　　⑫ 5+3+1=

⑬ 2+2+3=　　　⑭ 6+1+2=

⑮ 1+4+3=　　　⑯ 3+4+1=

⑰ 5+2+2=　　　⑱ 2+1+3=

⑲ 4+2+1=　　　⑳ 1+6+2=

たしざん・ひきざん ④
3つの　かずの　けいさん

 つぎの　けいさんを　しましょう。

① 5−2−1＝   ② 7−3−2＝

③ 9−4−3＝   ④ 6−2−3＝

⑤ 8−4−2＝   ⑥ 7−4−1＝

⑦ 9−5−2＝   ⑧ 8−3−2＝

⑨ 6−3−1＝   ⑩ 9−3−5＝

⑪ 10−1−3＝   ⑫ 10−3−5＝

⑬ 10−5−2＝   ⑭ 10−7−1＝

⑮ 10−5−1＝   ⑯ 10−8−2＝

⑰ 10−2−3＝   ⑱ 14−4−4＝

⑲ 13−3−6＝   ⑳ 15−5−3＝

たしざん・ひきざん ⑤
3つの　かずの　けいさん

　つぎの　けいさんを　しましょう。

① $3+7-6=$　　② $4+6-7=$

③ $5+5-8=$　　④ $6+4-9=$

⑤ $8+2-5=$　　⑥ $7+5-4=$

⑦ $8+4-6=$　　⑧ $9+2-3=$

⑨ $5+7-6=$　　⑩ $6+9-7=$

⑪ $9+2-4=$　　⑫ $8+4-3=$

⑬ $9+3-7=$　　⑭ $6+7-8=$

⑮ $7+8-9=$　　⑯ $4+7-5=$

⑰ $8+8-9=$　　⑱ $9+5-6=$

⑲ $7+7-8=$　　⑳ $6+5-3=$

たしざん・ひきざん ⑥
3つの　かずの　けいさん

 つぎの　けいさんを　しましょう。

① $8-4+7=$　　② $9-2+5=$

③ $7-4+9=$　　④ $8-3+6=$

⑤ $9-5+8=$　　⑥ $6-3+9=$

⑦ $7-2+8=$　　⑧ $9-4+7=$

⑨ $7-3+8=$　　⑩ $8-5+9=$

⑪ $14-5+3=$　　⑫ $11-2+6=$

⑬ $13-5+4=$　　⑭ $12-4+7=$

⑮ $16-9+8=$　　⑯ $14-8+5=$

⑰ $13-7+9=$　　⑱ $15-6+2=$

⑲ $12-5+6=$　　⑳ $16-8+5=$

がつ　　にち　**なまえ**

まとめ ⑬
まとめ ⑬
たしざん・ひきざん

/50
てん

① つぎの　けいさんを　しましょう。

（1もん5てん／30てん）

① 2＋4＋3＝　　　　② 15－5－2＝

③ 8＋2－5＝　　　　④ 10－6＋1＝

⑤ 7＋3＋4＝　　　　⑥ 18－8－6＝

② バスに　10にん　のって　いました。7にん
おりて　3にん　のって　きました。
　バスに　なんにん　のって　いますか。

（しき5てん、こたえ5てん／10てん）

しき

こたえ

③ いちごが　13こ　あります。　わたしが　3こ
たべました。そのあと　いもうとが　4こ　たべました。
　いちごは　いくつ　のこって　いますか。

（しき5てん、こたえ5てん／10てん）

しき

こたえ

がつ　　にち　**なまえ**

まとめ ⑭
たしざん・ひきざん

/ 50 てん

1 つぎの けいさんを しましょう。　（1もん5てん／30てん）

① 6＋3＋1＝　　② 13－3－7＝

③ 5＋4－2＝　　④ 10－8＋5＝

⑤ 2＋8－3＝　　⑥ 7－3＋4＝

2 あめを わたしが 4こ、いもうとが 2こ、おとうとが 3こ たべました。たべた あめは ぜんぶで なんこですか。　（しき5てん、こたえ5てん／10てん）

しき

こたえ

3 とりが 3わ います。5わ とんで きました。2わ とんで いきました。
　とりは なんわに なりましたか。　（しき5てん、こたえ5てん／10てん）

しき

こたえ

とけい ①
○じ

🍎 とけいには、みじかい　はりと、ながい　はりが
あります。
　つぎの　とけいは　なんじですか。

① みじかい　はりが→ 2
　ながい　はりが── 12
の　とき
2じと　いいます。

② みじかい　はりが→ 3
　ながい　はりが── 12
の　とき
3じ です。

③ みじかい　はりが→ 7
　ながい　はりが── 12
の　とき
☐ です。

とけい ②
◯じ

🍎 つぎの　とけいは　なんじですか。

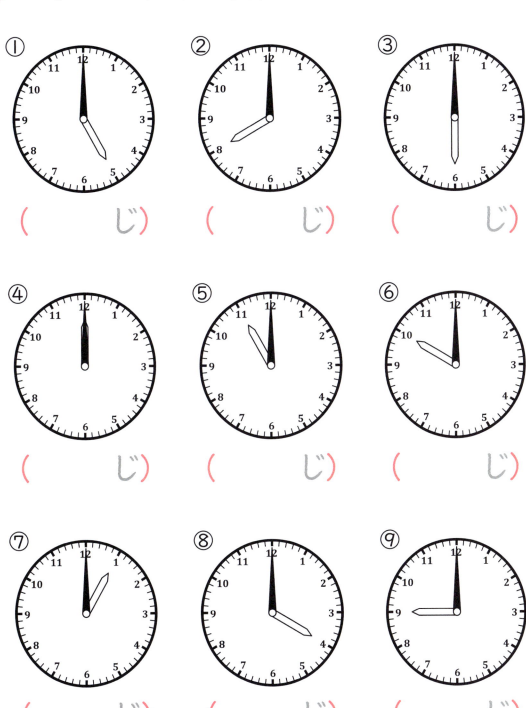

① (　　　　じ)　② (　　　　じ)　③ (　　　　じ)

④ (　　　　じ)　⑤ (　　　　じ)　⑥ (　　　　じ)

⑦ (　　　　じ)　⑧ (　　　　じ)　⑨ (　　　　じ)

とけい ③
○じはん

 つぎの　とけいは　なんじはんですか。

① みじかい　はりが
　　→ 8と　9の　あいだ
　　ながい　はりが→ 6
　の　とき
　8じはん（8じ30.ぷん）と
　いいます。

② みじかい　はりが
　　→ 10と　11の　あいだ
　　ながい　はりが→ 6
　の　とき

　10じはん（10じ30.ぷん）

　です。

③ みじかい　はりが
　　→ 1と　2の　あいだ
　　ながい　はりが→ 6
　の　とき

　です。

がつ　　にち　**なまえ**

とけい ④
○じはん

 つぎの　とけいは　なんじはんですか。

①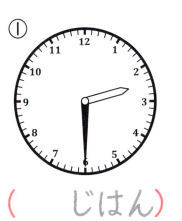

(　じはん　)

②

(　　　　　)

③

(　　　　　)

④

(　　　　　)

⑤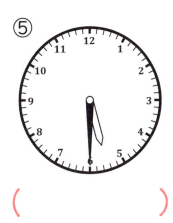

(　　　　　)

⑥

(　　　　　)

⑦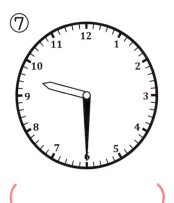

(　　　　　)

⑧

(　　　　　)

⑨

(　　　　　)

とけい ⑤
○じ○ぷん

つぎの　とけいは　なんじなんぷんですか。

①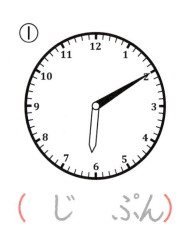

(じ　ぷん)

②

(　　　　　　)

③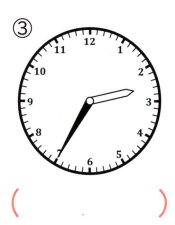

(　　　　　　)

④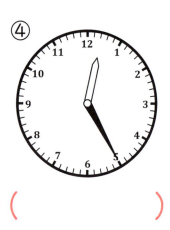

(　　　　　　)

⑤

(　　　　　　)

⑥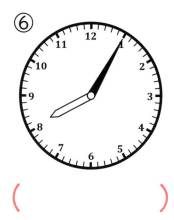

(　　　　　　)

⑦

(　　　　　　)

⑧

(　　　　　　)

⑨

(　　　　　　)

とけい ⑥
○じ○ぷん

 つぎの　とけいは　なんじなんぷんですか。

①

(　じ　ふん)

②

(　　　　　　)

③

(　　　　　　)

④

(　　　　　　)

⑤

(　　　　　　)

⑥

(　　　　　　)

⑦

(　　　　　　)

⑧

(　　　　　　)

⑨

(　　　　　　)

がつ　　にち　なまえ

まとめ ⑮
とけい

/50
てん

⭐① とけいを　よみましょう。

（1つ5てん／40てん）

①

（　　　　　　）

② ⏰

（　　　　　　）

③

（　　　　　　）

④ ⏰

（　　　　　　）

⑤

（　　　　　　）

⑥

（　　　　　　）

⑦

（　　　　　　）

⑧

（　　　　　　）

⭐⭐② とけいに　ながい　はりを　かきましょう。

（1つ5てん／10てん）

① 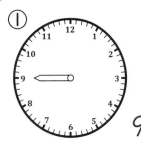　　9じ

② 　　5じはん

がつ　　にち　なまえ

まとめ ⑯
とけい

/50 てん

① とけいを　よみましょう。

（1つ5てん／30てん）

①
（　　　　　　）

②
（　　　　　　）

③
（　　　　　　）

④
（　　　　　　）

⑤
（　　　　　　）

⑥
（　　　　　　）

② とけいに　ながい　はりを　かきましょう。

（1つ5てん／15てん）

①
4じ10ぷん

②
8じ35ふん

③
11じ48ふん

③ いま　3じはんです。
ただしい　とけいに
〇を　つけましょう。

（5てん）

（　　　　　　）（　　　　　　）

おおきい　かず ⑦
100までの　かず

① まめは　ぜんぶで　なんこ　ありますか。

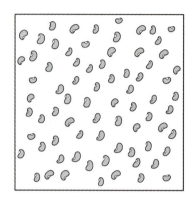

10の　かたまりを　つくると　うまく　かぞえられます。
10の　かたまりが　7こと　はんぱが　5こです。
たねは　ぜんぶで　（　　　　）こです。

② ぼうの　かずを　タイルと　すうじで　かきましょう。

①
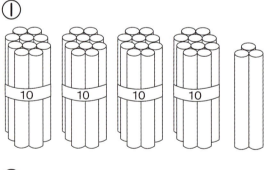 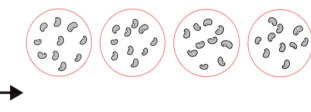 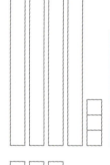

十の くらい	一の くらい

②
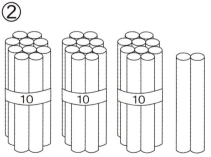  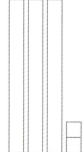

十の くらい	一の くらい

がつ　　にち　**なまえ**

おおきい　かず ⑧
100までの　かず

① ┌──┬──┐に　かずを　かきましょう。

① 10が　6こと　1が　8こで ┌──┬──┐です。

② 10が　9こで ┌──┬──┐です。

③ 73は　10を □こと　1を □こ　あつめた
かずです。

④ 96は　10を □こと　1を □こ　あつめた
かずです。

② ┌──┬──┐に　かずを　かきましょう。

① 十のくらいが　3、一のくらいが　6の
かずは ┌──┬──┐。

② 十のくらいが　9、一のくらいが　4の
かずは ┌──┬──┐。

③ 57の　十のくらいは □、一のくらいは □。

④ 80の　十のくらいは □、一のくらいは □。

おおきい　かず ⑨
100までの　かず

① おおきい　じゅんに　（　）に　1、2、3、4と
ばんごうを　かきましょう。

①

31	51	81	11
（　）	（　）	（　）	（　）

②

76	74	70	78
（　）	（　）	（　）	（　）

③

50	48	49	40
（　）	（　）	（　）	（　）

④

90	99	9	19
（　）	（　）	（　）	（　）

⑤

55	40	45	50
（　）	（　）	（　）	（　）

⑥

38	41	53	29
（　）	（　）	（　）	（　）

② ちいさい　じゅんに　（　）に　1、2、3、4と
ばんごうを　かきましょう。

①

53	51	57	55
（　）	（　）	（　）	（　）

②

72	76	78	74
（　）	（　）	（　）	（　）

③

99	69	89	79
（　）	（　）	（　）	（　）

④

96	97	99	98
（　）	（　）	（　）	（　）

おおきい　かず ⑩
100までの　かず

① タイルの　かずを　すうじで　かきましょう。

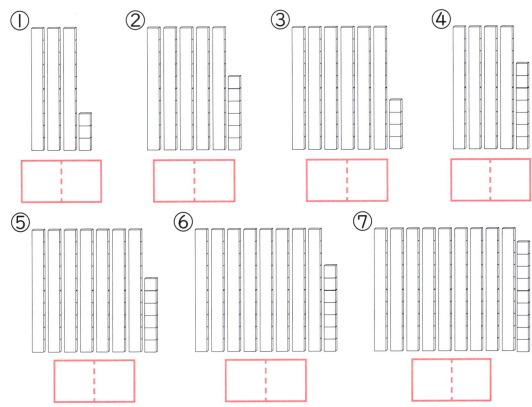

① ② ③ ④

⑤ ⑥ ⑦

② 99より　1おおきい　かずを
100（ひゃく）といいます。100は
10を　10こ　あつめた　かずです。

10が　10こで　（　　　　　）

10の　タイルが　10ぽん

③ ☐に　かずを　かきましょう。

① 100より　1ちいさい　かずは ☐☐ です。

② 99より　1おおきい　かずは ☐☐☐ です。

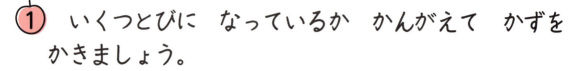

おおきい　かず ⑪

100より　おおきい　かず

① いくつとびに　なっているか　かんがえて　かずを
かきましょう。

① | 70 | | 90 | | 110 | |

② | 96 | 98 | | | 104 | |

③ | | 80 | | 100 | | 120 |

④ | 90 | 95 | | | 110 | |

⑤ | 110 | | 114 | | 118 | |

② ☐に　かずを　かきましょう。

① 100より　1おおきい　かずは ☐ です。

② 100より　1ちいさい　かずは ☐ です。

③ 109より　1おおきい　かずは ☐ です。

④ 120より　1ちいさい　かずは ☐ です。

⑤ 100より　5ちいさい　かずは ☐ です。

100より　おおきい　かず

 じゅんじょよく　かぞえて　かずを　かきましょう。

① 90 — 91 — ☐ — ☐ — ☐ — 95

② 95 — 96 — ☐ — ☐ — 99 — ☐

③ 100 — 101 — ☐ — ☐ — ☐ — 105

④ ☐ — 106 — ☐ — 108 — ☐ — ☐

⑤ 110 — ☐ — 112 — ☐ — 114 — ☐

⑥ 115 — ☐ — ☐ — 118 — 119 — ☐

⑦ ☐ — 111 — 112 — ☐ — 114 — ☐

⑧ 120 — ☐ — 118 — ☐ — 116 — ☐

⑨ 115 — ☐ — 113 — 112 — ☐ — ☐

⑩ 110 — ☐ — 108 — ☐ — ☐ — 105

おおきい　かず ⑬
100より　おおきい　かず

🍎 ☐に　かずを　かきましょう。

①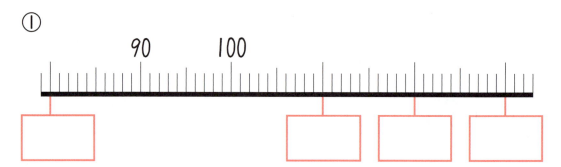

②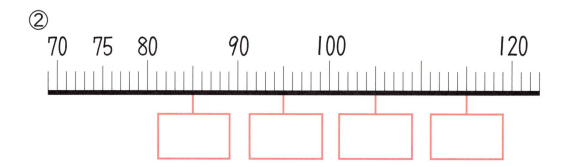

③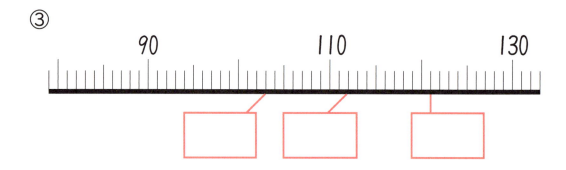

④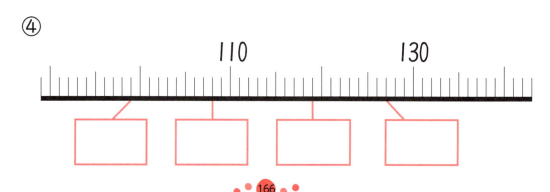

おおきい　かず ⑭
100より　おおきい　かず

① □に　かずを　かきましょう。

① 100より　10おおきい　かずは ⬚⬚⬚ です。

② 100より　11おおきい　かずは ⬚⬚⬚ です。

③ 110より　5おおきい　かずは ⬚⬚⬚ です。

④ 110より　10おおきい　かずは ⬚⬚⬚ です。

⑤ 110より　15おおきい　かずは ⬚⬚⬚ です。

② どちらが　おおきいですか。おおきい　ほうに　○を
つけましょう。

① 120 ， 102
（　）（　）

② 110 ， 130
（　）（　）

③ 119 ， 121
（　）（　）

④ 108 ， 120
（　）（　）

⑤ 132 ， 123
（　）（　）

⑥ 100 ， 111
（　）（　）

おおきい　かず ⑮
たしざん

① おはじきが　はこに　50こ　あります。そとに
7こ　あります。ぜんぶで　なんこですか。

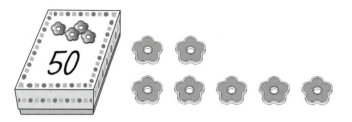

しき

こたえ _____

② つぎの　けいさんを　しましょう。

① $30+5=$　　② $60+4=$

③ $70+8=$　　④ $20+9=$

⑤ $10+6=$　　⑥ $9+20=$

⑦ $1+80=$　　⑧ $7+40=$

⑨ $3+90=$　　⑩ $4+50=$

おおきい　かず ⑯
たしざん

① おおきい　すいそうに　きんぎょが　13びき　います。
ちいさい　すいそうに　きんぎょが　5ひき　います。
きんぎょは　みんなで　なんびきですか。

しき

こたえ

② つぎの　けいさんを　しましょう。

① $22+6=$　　　② $51+7=$

③ $36+1=$　　　④ $74+4=$

⑤ $45+2=$　　　⑥ $6+23=$

⑦ $3+64=$　　　⑧ $8+41=$

⑨ $7+12=$　　　⑩ $4+55=$

おおきい　かず ⑰
たしざん

① あかぐみ　50にん、しろぐみ　50にんで
たまいれを　しました。みんなで　なんにんですか。

しき

こたえ

② つぎの　けいさんを　しましょう。

① 10＋60＝　　　　② 30＋40＝

③ 60＋20＝　　　　④ 80＋10＝

⑤ 50＋30＝　　　　⑥ 20＋50＝

⑦ 40＋40＝　　　　⑧ 70＋10＝

⑨ 60＋40＝　　　　⑩ 30＋70＝

⑪ 80＋20＝　　　　⑫ 10＋90＝

⑬ 70＋30＝　　　　⑭ 50＋50＝

⑮ 20＋80＝

たしざん

 つぎの　けいさんを　しましょう。

① $40+3=$　　② $2+50=$

③ $20+4=$　　④ $3+30=$

⑤ $60+1=$　　⑥ $2+70=$

⑦ $10+7=$　　⑧ $1+50=$

⑨ $64+2=$　　⑩ $3+52=$

⑪ $42+6=$　　⑫ $5+74=$

⑬ $86+3=$　　⑭ $21+8=$

⑮ $3+35=$　　⑯ $4+15=$

⑰ $40+60=$　　⑱ $80+20=$

⑲ $50+50=$　　⑳ $30+60=$

㉑ $70+20=$　　㉒ $60+40=$

㉓ $20+70=$　　㉔ $10+90=$

㉕ $30+70=$

おおきい　かず ⑲
ひきざん

① さいふに　58えん　ありました。50えんの
えんぴつを　かいました。
　のこりは　なんえんですか。

しき

こたえ _____

② つぎの　けいさんを　しましょう。

① $11-10=$　　② $37-30=$

③ $56-50=$　　④ $69-9=$

⑤ $74-4=$　　⑥ $45-40=$

⑦ $86-6=$　　⑧ $23-20=$

⑨ $44-4=$　　⑩ $62-2=$

おおきい　かず ⑳
ひきざん

① おりがみが　39まい　ありました。7まい
つかいました。のこりは　なんまいですか。

しき

こたえ _____

② つぎの　けいさんを　しましょう。

① $23-1=$　　　② $16-4=$

③ $48-5=$　　　④ $87-6=$

⑤ $66-1=$　　　⑥ $59-7=$

⑦ $35-3=$　　　⑧ $97-5=$

⑨ $79-8=$　　　⑩ $47-2=$

おおきい　かず㉑
ひきざん

① たまいれを　しました。あかぐみは　50こ
はいりました。しろぐみは　60こ　はいりました。
どちらの　くみが　なんこ　おおいですか。

しき

こたえ

② つぎの　けいさんを　しましょう。

① 80－40＝　　　② 60－30＝

③ 70－10＝　　　④ 50－20＝

⑤ 100－50＝　　⑥ 100－70＝

⑦ 40－30＝　　　⑧ 100－90＝

⑨ 90－30＝　　　⑩ 100－40＝

おおきい　かず ㉒
ひきざん

 つぎの　けいさんを　しましょう。

① 32−30＝

② 71−1＝

③ 48−40＝

④ 68−8＝

⑤ 53−3＝

⑥ 69−60＝

⑦ 95−5＝

⑧ 27−7＝

⑨ 24−20＝

⑩ 87−80＝

⑪ 18−6＝

⑫ 47−4＝

⑬ 69−5＝

⑭ 36−3＝

⑮ 54−2＝

⑯ 85−1＝

⑰ 93−2＝

⑱ 80−10＝

⑲ 90−40＝

⑳ 100−30＝

㉑ 50−40＝

㉒ 100−60＝

㉓ 100−80＝

㉔ 60−20＝

㉕ 100−40＝

がつ　　にち　なまえ

まとめ ⑰
おおきい　かず

/50
てん

★① つぎの　かずを　かきましょう。

（1もん5てん／15てん）

① 100より　10おおきい　かず　（　　　　　　　　）

② 110より　5ちいさい　かず　（　　　　　　　　）

③ 10を　10こ　あつめた　かず　（　　　　　　　　）

★②　☐に　あてはまる　かずを　かきましょう。

（1つ5てん／25てん）

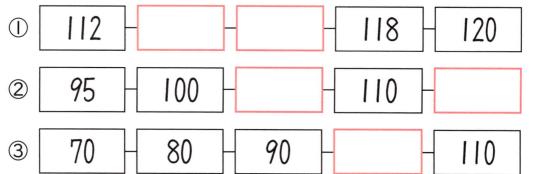

① | 112 | | | 118 | 120 |

② | 95 | 100 | | 110 | |

③ | 70 | 80 | 90 | | 110 |

★③ おおきい　ほうに　○を　つけましょう

（1もん5てん／10てん）

① | 89 | 98 |　　② | 110 | 101 |

（　　）（　　）　　　（　　）（　　）

まとめ ⑱
おおきい　かず

/50
てん

① つぎの　けいさんを　しましょう。　　　　(1つ5てん／30てん)

① 40＋30＝　　　　② 87＋2＝

③ 50＋6＝　　　　④ 78－8＝

⑤ 90－20＝　　　　⑥ 65－3＝

② おりがみが　70まい　ありました。
20まい　つかいました。
おりがみは　なんまいに　なりましたか。
(しき5てん、こたえ5てん／10てん)

しき

こたえ

③ きのうまで　60ページ　よんでいた　ほんを
きょうは　9ページ　よみました。
ぜんぶで　なんページ　よみましたか。
(しき5てん、こたえ5てん／10てん)

しき

こたえ

かんがえる　ちからを　つける ①
あなあき　ひきざん

　□に　かずを　かきましょう。

① □ − 4 = 3　　② □ − 8 = 3

③ □ − 3 = 3　　④ □ − 6 = 3

⑤ □ − 9 = 3　　⑥ □ − 1 = 3

⑦ □ − 7 = 3　　⑧ □ − 0 = 3

⑨ □ − 2 = 3　　⑩ □ − 5 = 3

⑪ 8 − □ = 3　　⑫ 5 − □ = 3

⑬ 12 − □ = 3　　⑭ 6 − □ = 3

⑮ 9 − □ = 3　　⑯ 10 − □ = 3

⑰ 7 − □ = 3　　⑱ 3 − □ = 3

⑲ 11 − □ = 3　　⑳ 4 − □ = 3

かんがえる　ちからを　つける ②
あなあき　ひきざん

1から　13までの　かずを　□に　いれて　こたえ
が　3に　なる　もんだいを　10もん　つくりましょ
う。おなじ　かずを　2かい　つかっても　いいです。

□ ー □ ＝ 3　　　　□ ー □ ＝ 3

□ ー □ ＝ 3　　　　□ ー □ ＝ 3

□ ー □ ＝ 3　　　　□ ー □ ＝ 3

□ ー □ ＝ 3　　　　□ ー □ ＝ 3

□ ー □ ＝ 3　　　　□ ー □ ＝ 3

かんがえる　ちからを　つける ③
たすのかな　ひくのかな

①　りんごが　12こ　あります。みかんは、りんごよりも
3こ　すくないです。みかんは　なんこ　ありますか。

しき

こたえ

②　おはなしの　ほんが　7さつ　あります。まんがの
ほんは　おはなしの　ほんより　8さつ　おおいです。
まんがの　ほんは　なんさつ　ありますか。

しき

こたえ

③　おとなが　13にん　います。こどもは　おとなより
5にん　すくないです。
　　こどもは　なんにん　いますか。

しき

こたえ

④　かるたとりで　おにいさんは　9まい　とりました。
　　いもうとは　おにいさんより　2まい　おおく
とりました。いもうとは　なんまい　とりましたか。

しき

こたえ

かんがえる　ちからを　つける ④
たすのかな　ひくのかな

① えんぴつ　12ほんを、8にんの　こどもに
1ぽんずつ　くばると　なんぼん　のこりますか。

しき

こたえ

② チョコレートを　9こ　かいました。あめは
チョコレートより　4こ　おおく　かいました。
あめは　なんこ　かいましたか。

しき

こたえ

③ おりがみが　5まい　あります。つるを　8わ
おるには　おりがみは　なんまい　たりませんか。

しき

こたえ

④ わたしは　おはじきを　なんこか　もって　いました。
たかしさんに　8こ、ひろこさんに　5こ　あげると
おはじきは　なくなって　しまいました。わたしは、
おはじきを　なんこ　もって　いましたか。

しき

こたえ

かんがえる　ちからを　つける ⑤
○ばんと　○ばんめ

① みゆさんは、まえから　7ばんめに　います。
みゆさんの　うしろには、3にん　います。
ぜんぶで　なんにん　いますか。

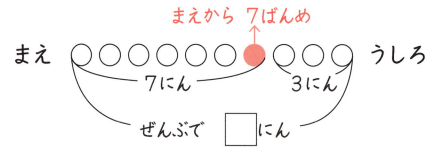

まえから　7ばんめ

まえ ○○○○○○●○○○ うしろ
7にん　　　3にん
ぜんぶで □にん

しき

こたえ

② かずきさんは、まえから　5ばんめに　います。
かずきさんの　うしろには、4にん　います。
ぜんぶで　なんにん　いますか。

まえから　5ばんめ

まえ ○○○○●○○○○ うしろ

しき

こたえ

③ わたしは、まえから　3ばんめに　います。
わたしの　うしろには　6にん　います。
ぜんぶで　なんにん　いますか。

しき

こたえ

かんがえる　ちからを　つける ⑥
○ばんと　○ばんめ

① 8にん　ならんでいます。ゆなさんは、まえから
3ばんめに　います。ゆなさんの　うしろに
なんにん　いますか。

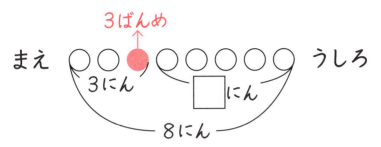

しき

こたえ _____

② 10にん　ならんでいます。はるとさんは、まえから
2ばんめに　います。はるとさんの　うしろに
なんにん　いますか。

2ばんめ
まえ ○ ● ○○○○○○○○ うしろ

しき

こたえ _____

③ 9にん　ならんでいます。わたしは、まえから
6ばんめに　います。わたしの　うしろに　なんにん
いますか。

しき

こたえ _____

かんがえる　ちからを　つける ⑦
2とびの　かず

🍎 1さらに　おすしが　2こずつ　のって　います。

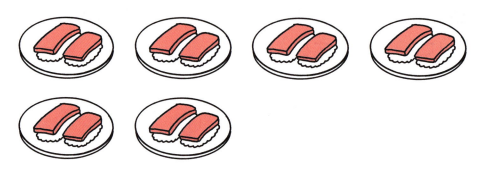

① 1、2、3、…　と　ひとつずつ　かぞえて
おすしの　かずを　かきましょう。

こたえ _____

② 1さらに　2こずつ　のって　いるので
2、4、6、8、10、…　と　かぞえて　おすしの
かずを　かきましょう。

こたえ _____

かんがえる　ちからを　つける ⑧
2とびの　かず

① りんごが　さらに　2こずつ　のって　います。
　2、4、6、8、10、… と　かぞえて　りんご
の　かずを　かきましょう。

こたえ _____

② □に　あてはまる　かずを　かきましょう。

① 2 → □ → 6 → □ → 10

② □ → 14 → □ → 18 → □

③ 8 → □ → 12 → □ → 16

④ 10 → □ → □ → 16 → □

かんがえる　ちからを　つける ⑨
５とびの　かず

① みかんが　５こずつ　ふくろに　はいって　います。みかんの　かずを　かぞえましょう。

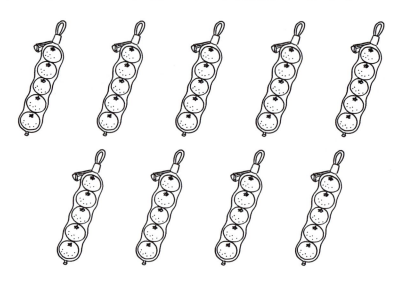

こたえ ＿＿＿＿＿＿＿＿

② □に　あてはまる　かずを　かきましょう。

① 5 → □ → 15 → □ → 25

② □ → 30 → □ → 40 → □

③ 10 → □ → 20 → □ → □

④ 40 → □ → □ → 55 → □

かんがえる　ちからを　つける ⑩
5とびの　かず

したの　とけいの　○に　ふんの　めもりを
かきましょう。

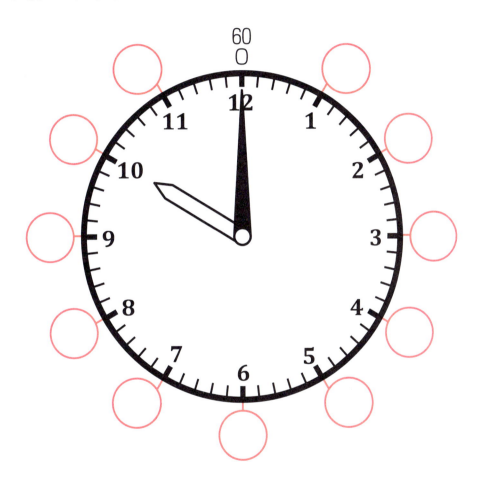

かんがえる　ちからを　つける ⑪

きそくを　みつける

🍎 あかい　つみき（）と、しろい　つみき（）を　つんでいます。つぎに　つむのは、どちらの　いろですか。

①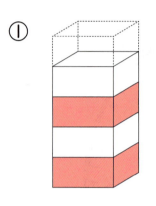

こたえ _____

②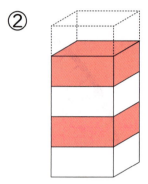

こたえ _____

③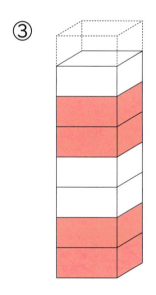

こたえ _____

④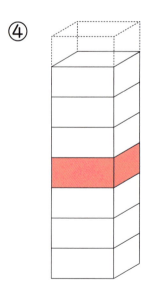

こたえ _____

かんがえる　ちからを　つける ⑫
きそくを　みつける

つぎに　ならぶのは　あかですか、
それとも　しろですか。

①

こたえ _____

②

こたえ _____

③

こたえ _____

④

こたえ _____

⑤

こたえ _____

上級算数習熟プリント　小学1年生

2023年3月10日　第1刷　発行

著　者　金井　敬之

発行者　面屋　洋

企　画　フォーラム・A

発行所　清風堂書店

〒530-0057　大阪市北区曽根崎2-11-16

TEL 06-6316-1460／FAX 06-6365-5607

振　替　00920-6-119910

制作編集担当　蒔田　司郎

表紙デザイン　ウエナカデザイン事務所

※乱丁・落丁本はおとりかえいたします。

学力の基礎をきたえどの子も伸ばす研究会

HPアドレス　http://gakuryoku.info/

常任委員長　岸本ひとみ
事務局　〒675-0032 加古川市加古川町備後 178−1−2−102 岸本ひとみ方 ☎・Fax 0794−26−5133

① めざすもの

　私たちは、すべての子どもたちが、日本国憲法と子どもの権利条約の精神に基づき、確かな学力の形成を通して豊かな人格の発達が保障され、民主平和の日本の主権者として成長することを願っています。しかし、発達の基盤ともいうべき学力の基礎を鍛えられないまま落ちこぼれている子どもたちが普遍化し、「荒れ」の情況があちこちで出てきています。

　私たちは、「見える学力、見えない学力」を共に養うこと、すなわち、基礎の学習をやり遂げさせることと、読書やいろいろな体験を積むことを通して、子どもたちが「自信と誇りとやる気」を持てるようになると考えています。

　私たちは、人格の発達が歪められている情況の中で、それを克服し、子どもたちが豊かに成長するような実践に挑戦します。

　そのために、つぎのような研究と活動を進めていきます。
　　①　「読み・書き・計算」を基軸とした学力の基礎をきたえる実践の創造と普及。
　　②　豊かで確かな学力づくりと子どもを励ます指導と評価の探究。
　　③　特別な力量や経験がなくても、その気になれば「いつでも・どこでも・だれでも」ができる実践の普及。
　　④　子どもの発達を軸とした父母・国民・他の民間教育団体との協力、共同。

　私たちの実践が、大多数の教職員や父母・国民の方々に支持され、大きな教育運動になるよう地道な努力を継続していきます。

② 会　　員

- 本会の「めざすもの」を認め、会費を納入する人は、会員になることができる。
- 会費は、年 4000 円とし、7 月末までに納入すること。①または②

①郵便振替　口座番号　00920−9−319769　名　　称　学力の基礎をきたえどの子も伸ばす研究会	②ゆうちょ銀行　店番099　店名〇九九店　当座0319769

- 特典　研究会をする場合、講師派遣の補助を受けることができる。
　　　　大会参加費の割引を受けることができる。
　　　　学力研ニュース、研究会などの案内を無料で送付してもらうことができる。
　　　　自分の実践を学力研ニュースなどに発表することができる。
　　　　研究の部会を作り、会場費などの補助を受けることができる。
　　　　地域サークルを作り、会場費の補助を受けることができる。

③ 活　　動

　全国家庭塾連絡会と協力して以下の活動を行う。
- 全 国 大 会　全国の研究、実践の交流、深化をはかる場とし、年 1 回開催する。通常、夏に行う。
- 地域別集会　地域の研究、実践の交流、深化をはかる場とし、年 1 回開催する。
- 合宿研究会　研究、実践をさらに深化するために行う。
- 地域サークル　日常の研究、実践の交流、深化の場であり、本会の基本活動である。
　　　　　　　　可能な限り月 1 回の月例会を行う。
- 全国キャラバン　地域の要請に基づいて講師派遣をする。

全 国 家 庭 塾 連 絡 会

① めざすもの

　私たちは、日本国憲法と子どもの権利条約の精神に基づき、すべての子どもたちが確かな学力と豊かな人格を身につけて、わが国の主権者として成長することを願っています。しかし、わが子も含めて、能力があるにもかかわらず、必要な学力が身につかないままになっている子どもたちがたくさんいることに心を痛めています。

　私たちは学力研が追究している教育活動に学びながら、「全国家庭塾連絡会」を結成しました。

　この会は、わが子に家庭学習の習慣化を促すことを主な活動内容とする家庭塾運動の交流と普及を目的としています。

　私たちの試みが、多くの父母や教職員、市民の方々に支持され、地域に根ざした大きな運動になるよう学力研と連携しながら努力を継続していきます。

② 会　　員

　本会の「めざすもの」を認め、会費を納入する人は会員になれる。
　会費は年額 1500 円とし（団体加入は年額 3000 円）、7 月末までに納入する。
　会員は会報や連絡交流会の案内、学力研集会の情報などをもらえる。

事務局　〒564-0041　大阪府吹田市泉町 4−29−13　影浦邦子方　☎・Fax 06−6380−0420
郵便振替　口座番号　00900−1−109969　　名称　全国家庭塾連絡会

こたえ

上級 算数習熟プリント 1年生

いくつ ありますか。よみかたと すうじを なぞりましょう。

① いち ↓1 1

② に →2 2

③ さん →3 3

④ し ↓4 4

⑤ ご →5 5

6

① すうじの れんしゅうを しましょう。

いち	1	1	1	1	1	1
に	2	2	2	2	2	2
さん	3	3	3	3	3	3
し	4	4	4	4	4	4
ご	5	5	5	5	5	5

② いくつ ありますか。かずを かきましょう。

① 4

② 3

③ 5

7

① さいころの めの かずを かきましょう。

① 5　② 3　③ 4　④ 2

② タイルの かずを かきましょう。

① 3

② 4

③ 5

④ 2

8

おなじ かずを せんで むすびましょう。

し — 1
いち — 4
さん — 2
に — 5
ご — 3

9

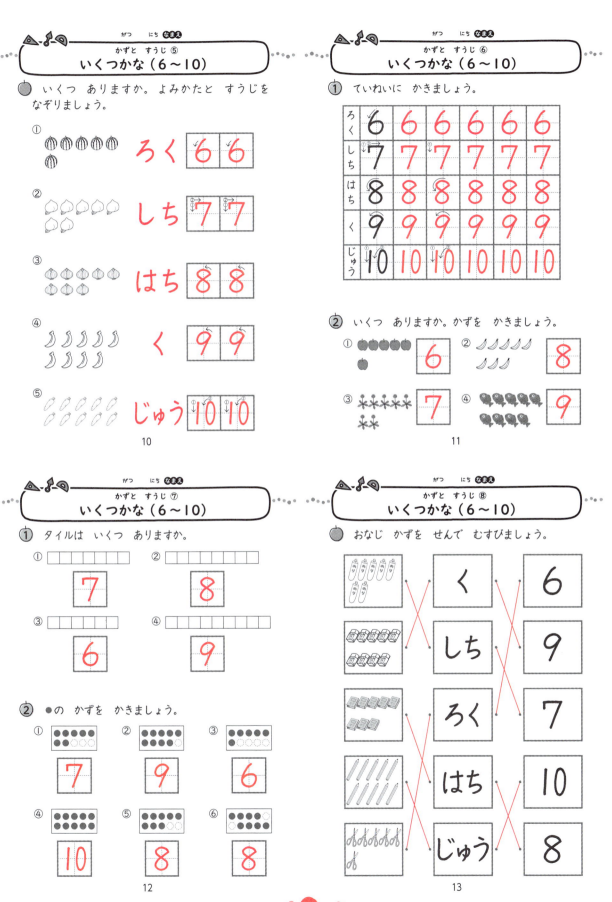

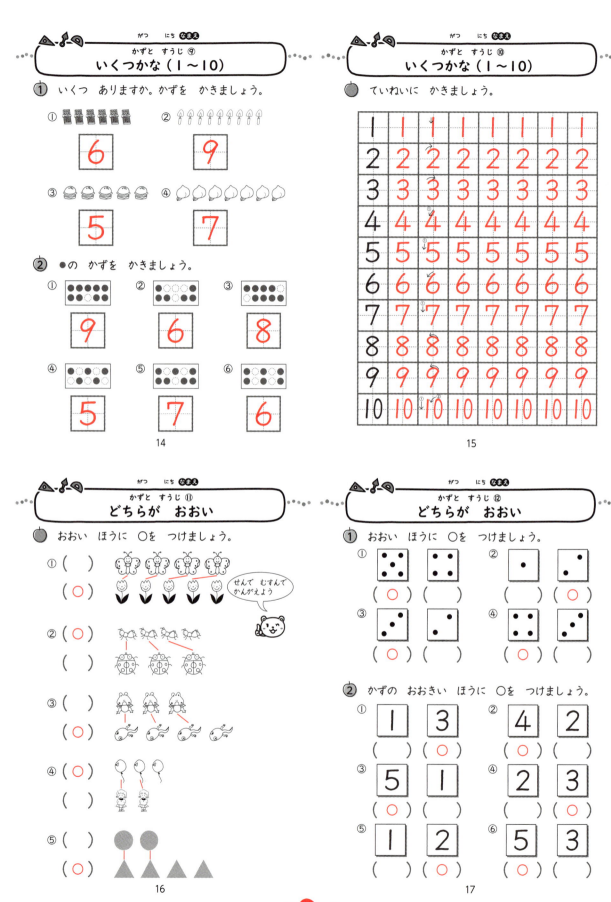

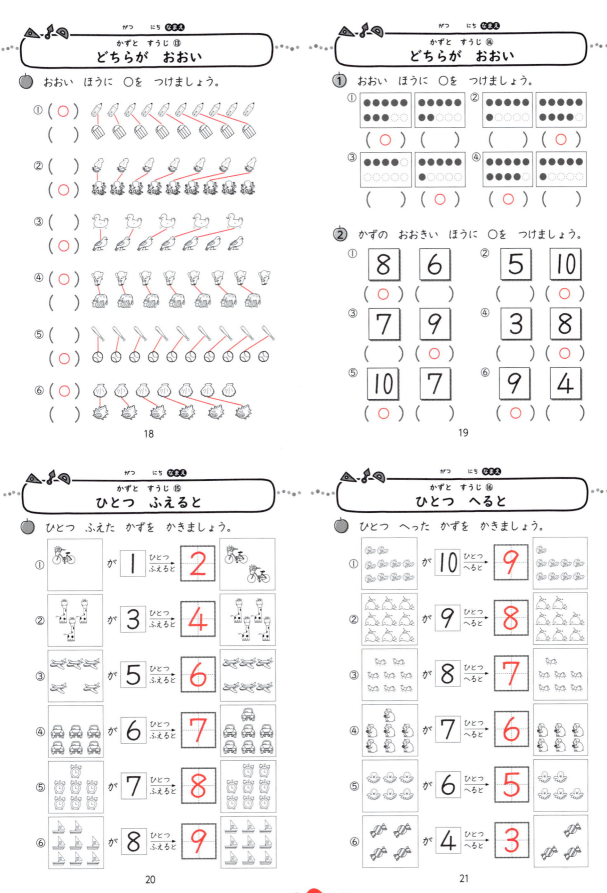

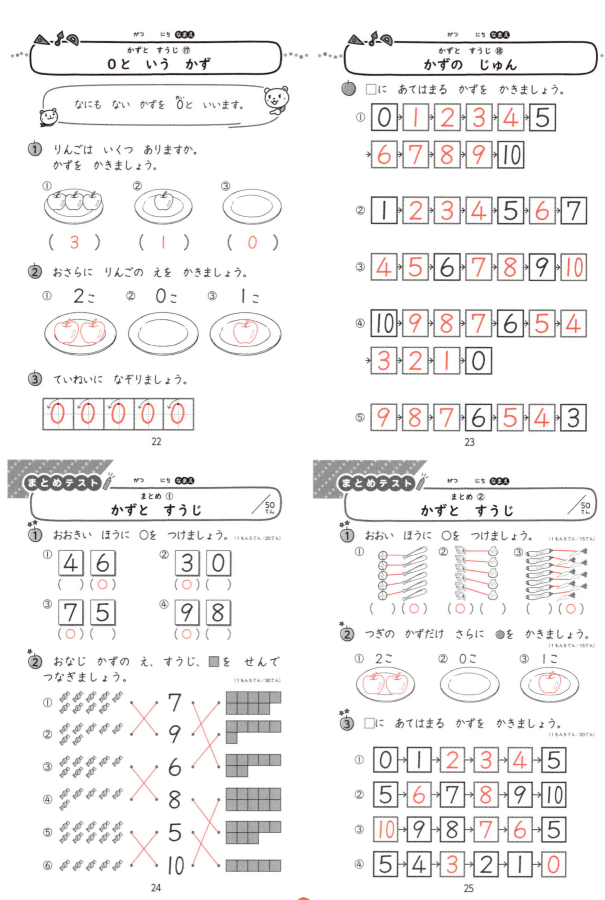

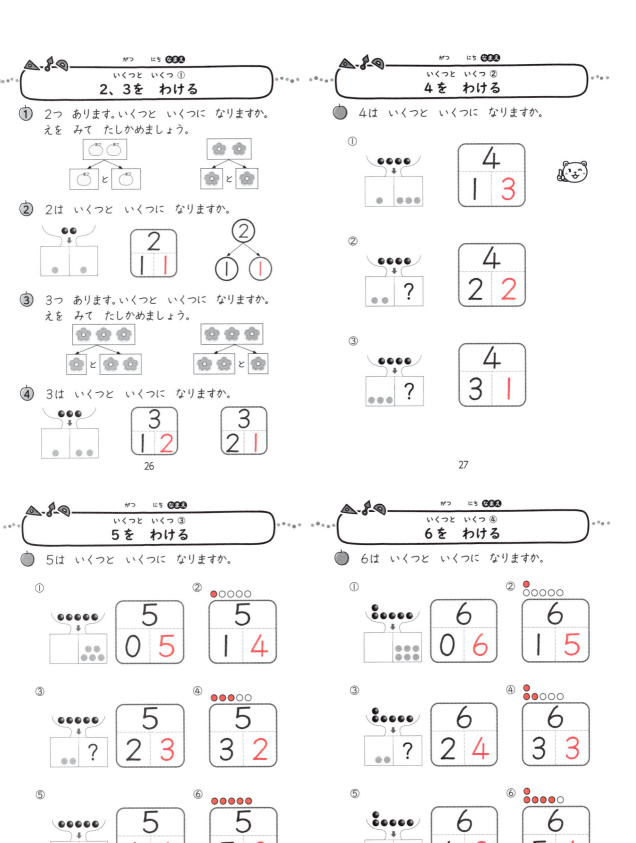

いくつと いくつ ①
2、3を わける

① 2つ あります。いくつと いくつに なりますか。
えを みて たしかめましょう。

② 2は いくつと いくつに なりますか。

③ 3つ あります。いくつと いくつに なりますか。
えを みて たしかめましょう。

④ 3は いくつと いくつに なりますか。

26

いくつと いくつ ②
4を わける

4は いくつと いくつに なりますか。

① 4 1 3

② 4 2 2

③ 4 3 1

27

いくつと いくつ ③
5を わける

5は いくつと いくつに なりますか。

① 5 0 5
② 5 1 4
③ 5 2 3
④ 5 3 2
⑤ 5 4 1
⑥ 5 5 0

28

いくつと いくつ ④
6を わける

6は いくつと いくつに なりますか。

① 6 0 6
② 6 1 5
③ 6 2 4
④ 6 3 3
⑤ 6 4 2
⑥ 6 5 1

29

7を　わける

7は　いくつと　いくつに　なりますか。

①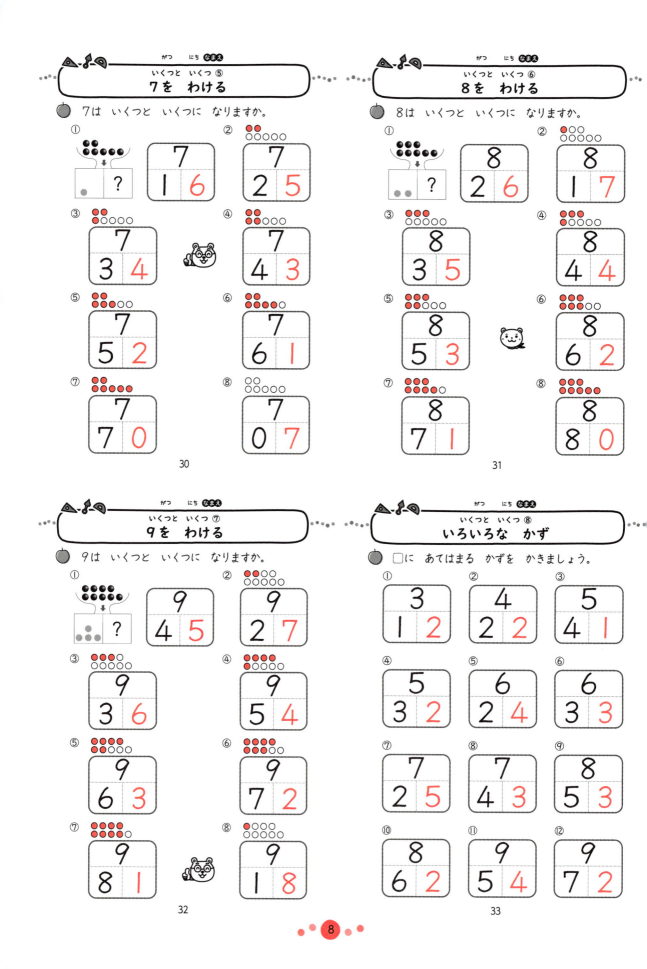

7	
1	6

② | 7 | |
|---|---|
| 2 | 5 |

③ | 7 | |
|---|---|
| 3 | 4 |

④ | 7 | |
|---|---|
| 4 | 3 |

⑤ | 7 | |
|---|---|
| 5 | 2 |

⑥ | 7 | |
|---|---|
| 6 | 1 |

⑦ | 7 | |
|---|---|
| 7 | 0 |

⑧ | 7 | |
|---|---|
| 0 | 7 |

30

8を　わける

8は　いくつと　いくつに　なりますか。

① | 8 | |
|---|---|
| 2 | 6 |

② | 8 | |
|---|---|
| 1 | 7 |

③ | 8 | |
|---|---|
| 3 | 5 |

④ | 8 | |
|---|---|
| 4 | 4 |

⑤ | 8 | |
|---|---|
| 5 | 3 |

⑥ | 8 | |
|---|---|
| 6 | 2 |

⑦ | 8 | |
|---|---|
| 7 | 1 |

⑧ | 8 | |
|---|---|
| 8 | 0 |

31

9を　わける

9は　いくつと　いくつに　なりますか。

① | 9 | |
|---|---|
| 4 | 5 |

② | 9 | |
|---|---|
| 2 | 7 |

③ | 9 | |
|---|---|
| 3 | 6 |

④ | 9 | |
|---|---|
| 5 | 4 |

⑤ | 9 | |
|---|---|
| 6 | 3 |

⑥ | 9 | |
|---|---|
| 7 | 2 |

⑦ | 9 | |
|---|---|
| 8 | 1 |

⑧ | 9 | |
|---|---|
| 1 | 8 |

32

いろいろな　かず

□に　あてはまる　かずを　かきましょう。

① | 3 | |
|---|---|
| 1 | 2 |

② | 4 | |
|---|---|
| 2 | 2 |

③ | 5 | |
|---|---|
| 4 | 1 |

④ | 5 | |
|---|---|
| 3 | 2 |

⑤ | 6 | |
|---|---|
| 2 | 4 |

⑥ | 6 | |
|---|---|
| 3 | 3 |

⑦ | 7 | |
|---|---|
| 2 | 5 |

⑧ | 7 | |
|---|---|
| 4 | 3 |

⑨ | 8 | |
|---|---|
| 5 | 3 |

⑩ | 8 | |
|---|---|
| 6 | 2 |

⑪ | 9 | |
|---|---|
| 5 | 4 |

⑫ | 9 | |
|---|---|
| 7 | 2 |

33

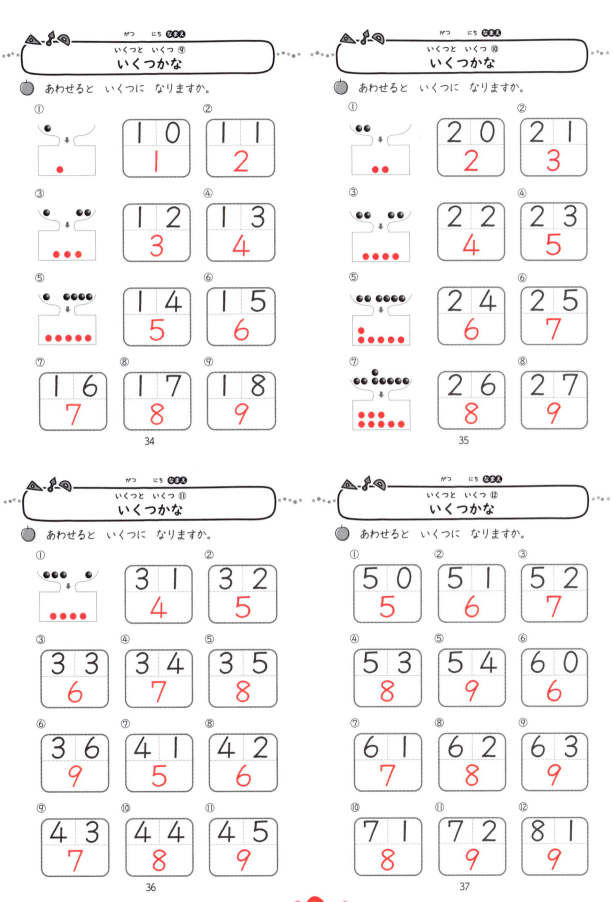

10は　いくつと　いくつですか。

① 1と 9
② 2と 8
③ 3と 7
④ 4と 6
⑤ 5と 5
⑥ 6と 4
⑦ 7と 3
⑧ 8と 2
⑨ 9と 1
⑩ 10と 0

38

10は　いくつと　いくつですか。

① 3 7　｜ 10 / 3 7　② 10 / 7 3

③ 2 8　｜ 10 / 2 8　④ 10 / 8 2

⑤ 1 9　｜ 10 / 1 9　⑥ 10 / 9 1

⑦ 10 / 4 6　⑧ 10 / 6 4　⑨ 10 / 5 5

39

□に　あてはまる　かずを　かきましょう。

① 10 / 4 6　② 10 / 8 2　③ 10 / 3 7

④ 10 / 9 1　⑤ 10 / 2 8　⑥ 10 / 7 3

⑦ 10 / 1 9　⑧ 10 / 6 4　⑨ 10 / 5 5

40

□に　あてはまる　かずを　かきましょう。

① 10 / 4 6　② 10 / 1 9　③ 10 / 7 3

④ 10 / 9 1　⑤ 10 / 5 5　⑥ 10 / 2 8

⑦ 10 / 6 4　⑧ 10 / 8 2　⑨ 10 / 3 7

41

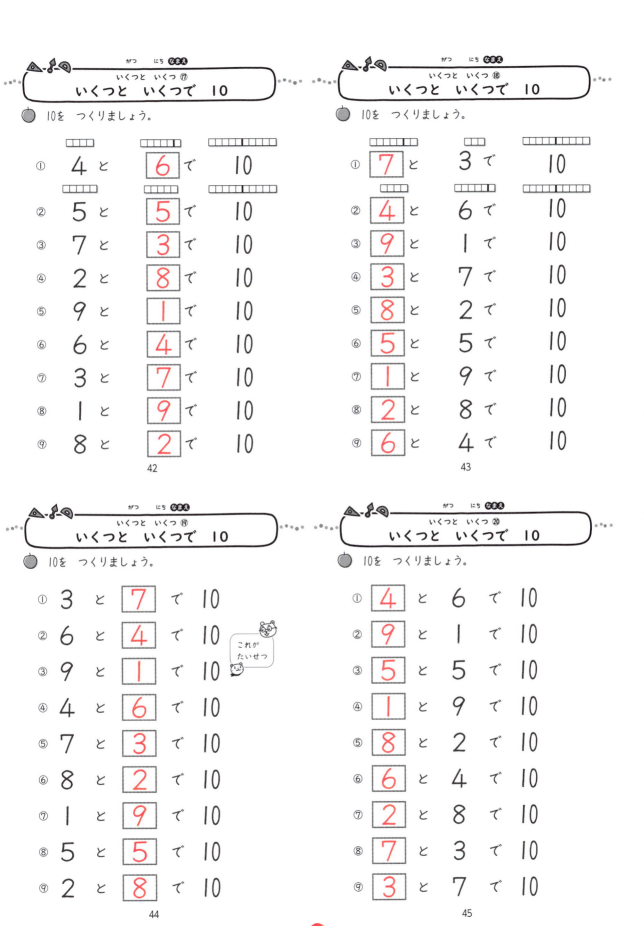

いくつと いくつ ⑰
いくつと いくつで 10

10を つくりましょう。

① 4 と [6] で 10
② 5 と [5] で 10
③ 7 と [3] で 10
④ 2 と [8] で 10
⑤ 9 と [1] で 10
⑥ 6 と [4] で 10
⑦ 3 と [7] で 10
⑧ 1 と [9] で 10
⑨ 8 と [2] で 10

42

いくつと いくつ ⑱
いくつと いくつで 10

10を つくりましょう。

① [7] と 3 で 10
② [4] と 6 で 10
③ [9] と 1 で 10
④ [3] と 7 で 10
⑤ [8] と 2 で 10
⑥ [5] と 5 で 10
⑦ [1] と 9 で 10
⑧ [2] と 8 で 10
⑨ [6] と 4 で 10

43

いくつと いくつ ⑲
いくつと いくつで 10

10を つくりましょう。

① 3 と [7] で 10
② 6 と [4] で 10   これが たいせつ
③ 9 と [1] で 10
④ 4 と [6] で 10
⑤ 7 と [3] で 10
⑥ 8 と [2] で 10
⑦ 1 と [9] で 10
⑧ 5 と [5] で 10
⑨ 2 と [8] で 10

44

いくつと いくつ ⑳
いくつと いくつで 10

10を つくりましょう。

① [4] と 6 で 10
② [9] と 1 で 10
③ [5] と 5 で 10
④ [1] と 9 で 10
⑤ [8] と 2 で 10
⑥ [6] と 4 で 10
⑦ [2] と 8 で 10
⑧ [7] と 3 で 10
⑨ [3] と 7 で 10

45

まとめ ③
いくつと　いくつ

/50てん

つぎの　かずは　いくつと　いくつに　なりますか。

（1もん5てん／50てん）

① 6 4 2
② 7 2 5
③ 7 3 4
④ 8 5 3
⑤ 8 6 2
⑥ 8 4 4
⑦ 9 7 2
⑧ 9 4 5
⑨ 9 3 6
⑩ 10 10 0

46

まとめ ④
いくつと　いくつ

/50てん

① あわせると　いくつに　なりますか。

（1もん5てん／25てん）

① 4 と 3 で 7
② 2 と 5 で 7
③ 1 と 7 で 8
④ 5 と 4 で 9
⑤ 3 と 6 で 9

② 10に　なるように　せんで　むすびましょう。

（1もん5てん／25てん）

① 9　　4
② 5　　1
③ 7　　5
④ 6　　2
⑤ 8　　3

47

たしざん ①
あわせて　いくつ

① かきが　あります。あわせると　なんこですか。

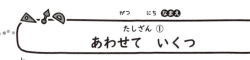

3 こ　2 こ　→　5 こ

② いちごが　あります。あわせると　なんこですか。

1 こ　3 こ　→　4 こ

③ りんごが　あります。あわせると　なんこですか。

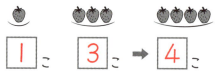

4 こ　2 こ　→　6 こ

48

たしざん ②
あわせて　いくつ

みかんが　あります。あわせると　なんこですか。
たしざんの　しきを　かきましょう。

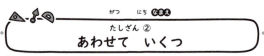

5こと　4こを　あわせると　9こ。

しき　5 ＋ 4 ＝ 9

こたえ　9 こ

このような　けいさんを　たしざんと　いいます。

★れんしゅうしましょう。

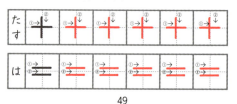

49

たしざん ③
あわせて いくつ

① すいかが あります。あわせると なんこに
なりますか。

しき $3 + 4 = 7$

こたえ　　7こ

② あかい はなが 6ほんと しろい はなが 3ぼん
あります。あわせて なんぼんに なりますか。

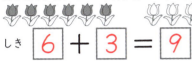

しき $6 + 3 = 9$

こたえ　　9ほん

③ たこやきを ぼくが 5こ たべました。
おとうとは 4こ たべました。
あわせて なんこ たべましたか。

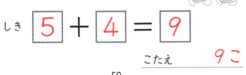

しき $5 + 4 = 9$

こたえ　　9こ

50

たしざん ④
あわせて いくつ

① こどもが すべりだいで 3にん、すなばで
6にん あそんで います。あわせて なんにんに
なりますか。

しき $3 + 6 = 9$

こたえ　　9にん

② まるい さらが 4まい、しかくい さらが 5ま
い あります。さらは ぜんぶで なんまい ありま
すか。

しき $4 + 5 = 9$

こたえ　　9まい

③ みかんが かごの なかに 7こ、かごの そと
に 3こ あります。みかんは ぜんぶで なんこ
ありますか。

しき $7 + 3 = 10$

こたえ　　10こ

51

たしざん ⑤
あわせて いくつ

① えを みて 4+2の しきに なる
もんだいを つくりましょう。

おんなのこが みぎてに
おはじきを 4 こ もっ
て います。ひだりてに
2 こ もって います。
おはじきは あわせて なんこに
なりますか。

② えを みて 5+4の しきに なる
もんだいを つくりましょう。

1つの かごに みかんが 5こ、べつの
かごに みかんが 4こ あります。
みかんは あわせて なんこですか。

52

たしざん ⑥
あわせて いくつ

① 2+3の しきに なる もんだいを
つくりましょう。

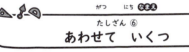

1つの はに かたつむりが 2ひき、
べつの はに かたつむりが 3びき
います。かたつむりは あわせて
なんびきですか。

② 3+6の しきに なる もんだいを
つくりましょう。

キャラメルが 3こと、6こ あります。
キャラメルは、あわせて なんこ
ありますか。

53

13

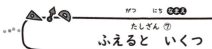

たしざん ⑦
ふえると いくつ

① すいそうに きんぎょが 5ひき いました。
あとから 2ひき いれました。
きんぎょは ぜんぶで なんびきに なりますか。

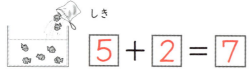

しき

$$5 + 2 = 7$$

こたえ　　7ひき

この もんだいも たしざんに なります。

② いすに 3にん すわって いました。4にん
くると、みんなで なんにんに なりますか。

しき　$3 + 4 = 7$

こたえ　　7にん

54

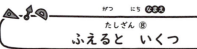

たしざん ⑧
ふえると いくつ

① みかんが かごの なかに 7こ あります。
おかあさんが みかんを 2こ いれました。
みかんは ぜんぶで なんこに なりますか。

しき　$7 + 2 = 9$

こたえ　　9こ

② つばめが 5わ います。3わ とんで くると、
ぜんぶで なんわに なりますか。

しき　$5 + 3 = 8$

こたえ　　8わ

③ こうえんで こどもが 6にん あそんでいます。
そこへ 4にん くると、みんなで なんにんに
なりますか。

しき　$6 + 4 = 10$

こたえ　　10にん

55

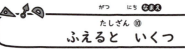

たしざん ⑨
ふえると いくつ

① えんぴつを 5ほん けずりました。あとから
2ほん けずりました。ぜんぶで なんぼん
けずりましたか。

しき　$5 + 2 = 7$

こたえ　　7ほん

② こどもが 3にん います。あとから おとなが
5にん くると、みんなで なんにんに
なりますか。

しき　$3 + 5 = 8$

こたえ　　8にん

③ ちゅうしゃじょうに くるまが 8だい とまって
いました。あとから 2だい はいって きました。
くるまは ぜんぶで なんだいに なりましたか。

しき　$8 + 2 = 10$

こたえ　　10だい

56

たしざん ⑩
ふえると いくつ

① あめを 4こ もらいました。また 2こ
もらうと、ぜんぶで なんこに なりますか。

しき　$4 + 2 = 6$

こたえ　　6こ

② プリントを 7まい しました。あした 2まい
すると、ぜんぶで なんまい することに なりま
すか。

しき　$7 + 2 = 9$

こたえ　　9まい

③ はとが 6わ います。そこへ はとが 4わ
とんで くると、ぜんぶで なんわに なりますか。

しき　$6 + 4 = 10$

こたえ　　10わ

57

14

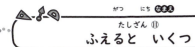

たしざん ⑪
ふえると いくつ

① えを みて 6+2の しきに なる もんだいを つくりましょう。

くるまが 6 だい とまって います。

2 だい くると、 ぜんぶで

なんだいに なりますか。

② えを みて 9+1の しきに なる もんだいを つくりましょう。

ねこが 9ひき いました。そこへ べつの ねこが 1ぴき きました。 ねこは ぜんぶで なんびきですか。

58

たしざん ⑫
ふえると いくつ

① えを みて 6+3の しきに なる もんだいを つくりましょう。

てんとうむしが 6ぴき いました。 そこへ べつの てんとうむしが 3びき とんで きました。てんとうむしは ぜんぶで なんびきですか。

② えを みて 8+2の しきに なる もんだいを つくりましょう。

すいそうに さかなが 8ひき いました。 そこへ さかなを 2ひき いれました。 さかなは ぜんぶで なんびきですか。

59

たしざん ⑬
10までの たしざん

つぎの けいさんを しましょう。

① 1+1=2　② 1+2=3

③ 1+3=4　④ 1+4=5

⑤ 1+5=6　⑥ 1+6=7

⑦ 1+7=8　⑧ 1+8=9

⑨ 1+9=10　⑩ 2+1=3

⑪ 2+2=4　⑫ 2+3=5

⑬ 2+4=6　⑭ 2+5=7

⑮ 2+6=8

60

たしざん ⑭
10までの たしざん

つぎの けいさんを しましょう。

① 2+7=9　② 2+8=10

③ 3+1=4　④ 3+2=5

⑤ 3+3=6　⑥ 3+4=7

⑦ 3+5=8　⑧ 3+6=9

⑨ 3+7=10　⑩ 4+1=5

⑪ 4+2=6　⑫ 4+3=7

⑬ 4+4=8　⑭ 4+5=9

⑮ 4+6=10

61

つぎの　けいさんを　しましょう。

① $5+1=6$　② $5+2=7$

③ $5+3=8$　④ $5+4=9$

⑤ $5+5=10$　⑥ $6+1=7$

⑦ $6+2=8$　⑧ $6+3=9$

⑨ $6+4=10$　⑩ $7+1=8$

⑪ $7+2=9$　⑫ $7+3=10$

⑬ $8+1=9$　⑭ $8+2=10$

⑮ $9+1=10$

62

つぎの　けいさんを　しましょう。

① $1+8=9$　② $2+2=4$

③ $3+1=4$　④ $1+9=10$

⑤ $5+5=10$　⑥ $1+5=6$

⑦ $3+3=6$　⑧ $1+4=5$

⑨ $2+3=5$　⑩ $1+2=3$

⑪ $4+5=9$　⑫ $2+6=8$

⑬ $3+4=7$　⑭ $7+1=8$

⑮ $2+8=10$

63

つぎの　けいさんを　しましょう。

① $9+1=10$　② $7+3=10$

③ $1+6=7$　④ $8+2=10$

⑤ $7+2=9$　⑥ $3+6=9$

⑦ $1+3=4$　⑧ $6+1=7$

⑨ $6+3=9$　⑩ $5+2=7$

⑪ $6+4=10$　⑫ $3+7=10$

⑬ $4+2=6$　⑭ $5+3=8$

⑮ $4+6=10$　⑯ $4+5=9$

⑰ $1+8=9$　⑱ $2+2=4$

⑲ $3+5=8$　⑳ $5+5=10$

64

つぎの　けいさんを　しましょう。

① $4+1=5$　② $3+5=8$

③ $6+2=8$　④ $1+1=2$

⑤ $4+4=8$　⑥ $5+4=9$

⑦ $2+7=9$　⑧ $8+1=9$

⑨ $2+4=6$　⑩ $5+1=6$

⑪ $1+7=8$　⑫ $3+2=5$

⑬ $2+1=3$　⑭ $4+3=7$

⑮ $2+5=7$　⑯ $5+3=8$

⑰ $1+2=3$　⑱ $3+3=6$

⑲ $2+8=10$　⑳ $7+3=10$

65

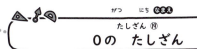

たしざん ⑲
0の たしざん

○ はいった たまの かずを あわせると いくつに なりますか。

① $2 + 2 = 4$

② $2 + 1 = 3$

③ $2 + 0 = 2$

> 0は なにも ない かずの ことだよ

④ $0 + 2 = 2$

⑤ $0 + 0 = 0$

⑥ $3 + 0 = 3$

66

たしざん ⑳
0の たしざん

○ つぎの けいさんを しましょう。

① $1 + 0 = 1$　② $3 + 0 = 3$

③ $7 + 0 = 7$　④ $2 + 0 = 2$

⑤ $0 + 4 = 4$　⑥ $0 + 7 = 7$

⑦ $8 + 0 = 8$　⑧ $0 + 6 = 6$

⑨ $9 + 0 = 9$　⑩ $4 + 0 = 4$

⑪ $0 + 8 = 8$　⑫ $0 + 0 = 0$

⑬ $5 + 0 = 5$　⑭ $0 + 9 = 9$

⑮ $6 + 0 = 6$

67

まとめテスト
まとめ⑤
10までの たしざん ／50てん

① つぎの けいさんを しましょう。　(1もん5てん／30てん)

① $3 + 5 = 8$　② $2 + 6 = 8$

③ $4 + 3 = 7$　④ $8 + 2 = 10$

⑤ $1 + 7 = 8$　⑥ $4 + 0 = 4$

② あかい くるまが 3だい、しろい くるまが 3だい あります。
あわせて なんだい ですか。　(しき5てん、こたえ5てん／10てん)

しき $3 + 3 = 6$

こたえ　6だい

③ こうえんに こどもが 5にん いました。
4にん こうえんに きました。
あわせて なんにんに なりましたか。　(しき5てん、こたえ5てん／10てん)

しき $5 + 4 = 9$

こたえ　9にん

68

まとめテスト
まとめ⑥
10までの たしざん ／50てん

① つぎの けいさんを しましょう。　(1もん5てん／30てん)

① $3 + 2 = 5$　② $4 + 4 = 8$

③ $2 + 5 = 7$　④ $0 + 9 = 9$

⑤ $7 + 3 = 10$　⑥ $1 + 6 = 7$

② とりが 7わ いました。2わ とんで きました。
あわせて なんわに なりましたか。　(しき5てん、こたえ5てん／10てん)

しき $7 + 2 = 9$

こたえ　9わ

③ バスに 6にん のって いました。
つぎの ていりゅうじょで だれも のって きませんでした。
バスには なんにん のって いますか。　(しき5てん、こたえ5てん／10てん)

しき $6 + 0 = 6$

こたえ　6にん

69

17

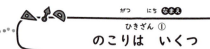

のこりは いくつ
ひきざん ①

① ふうせんを 5こ もって います。1こ
とんで いきました。のこりは なんこですか。

5こ もって いた　　のこりは 4こ

$$5 - 1 = 4$$

こたえ　4こ

このような けいさんを ひきざんと いいます。

② くるまが 4だい あります。2だい でて
いきました。のこりは なんだいですか。

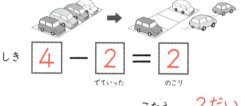

しき　$4 - 2 = 2$

でていった　のこり

こたえ　2だい

70

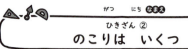

のこりは いくつ
ひきざん ②

① かごに みかんが 5こ あります。2こ
たべると、のこりは なんこに なりますか。

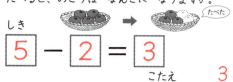

しき

$$5 - 2 = 3$$

こたえ　3こ

② ちょうが 4ひき とまって いました。3びき
とんで いきました。のこりは なんびきですか。

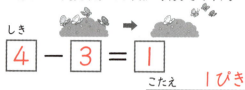

しき

$$4 - 3 = 1$$

こたえ　1ぴき

③ こどもが 10にん あそんで いました。6にん
かえりました。のこりは なんにんですか。

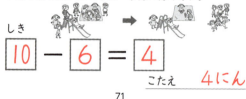

しき

$$10 - 6 = 4$$

こたえ　4にん

71

のこりは いくつ
ひきざん ③

① きんぎょが 8ひき います。あみで 2ひき
すくいました。のこりは なんびきに なりますか。

しき　$8 - 2 = 6$

こたえ　6ぴき

② いちごが 5こ あります。3こ たべました。
のこりは なんこに なりますか。

しき　$5 - 3 = 2$

こたえ　2こ

③ はなを 6ほん つみました。3ぼん あげました。
のこりは なんぼんですか。

しき　$6 - 3 = 3$

こたえ　3ぼん

72

のこりは いくつ
ひきざん ④

① あたらしい えんぴつが 9ほん あります。7ほん
けずりました。けずって いないのは なんぼんに
なりますか。

しき　$9 - 7 = 2$

こたえ　2ほん

② いちごが 8こ あります。3こ たべました。
のこりは なんこに なりますか。

しき　$8 - 3 = 5$

こたえ　5こ

③ みかんが 7こ あります。4こ たべました。
のこりは なんこに なりますか。

しき　$7 - 4 = 3$

こたえ　3こ

73

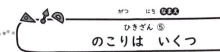

① えを みて 10－3の しきに なる もんだいを
つくりましょう。

たまごが 　10　 こ ありました。　3　 こ

つかうと、　のこりは　 なんこですか。

② えを みて 10－5の しきに なる もんだい
をつくりましょう。

たまごが 10こ あります。
5こ つかうと のこりは、なんこですか。

74

① えを みて 8－3の しきに なる もんだいを
つくりましょう。

えんぴつが 8ほん あります。
いま 3ぼん つかうと、のこりは
なんぼんですか。

② えを みて 7－2の しきに なる もんだい
をつくりましょう。

ひだりてに はなが 7ほん あります。
いま、みぎてで 2ほん とりました。
ひだりてに のこった はなは なんぼん
ですか。

75

① あひるが いけに 4わ、そとに 1わ います。
ちがいは なんわですか。

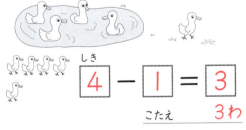

しき
　4　－　1　＝　3　

こたえ　　3わ

ちがいを だす ときも ひきざんで します。

② りすが 6ぴき、うさぎが 2ひき います。
ちがいは なんびきですか。

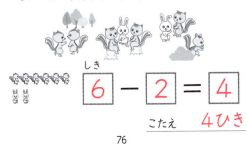

しき
　6　－　2　＝　4　

こたえ　　4ひき

76

① りんごが 6こ あります。みかんが 5こ
あります。ちがいは なんこですか。

しき
　6　－　5　＝　1　

こたえ　　1こ

② まるい さらが 9まい、しかくい さらが
4まい あります。ちがいは なんまいですか。

しき
　9　－　4　＝　5　

こたえ　　5まい

③ あかい ふうせんが 8こ、しろい ふうせんが
5こ あります。ちがいは なんこですか。

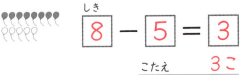

しき
　8　－　5　＝　3　

こたえ　　3こ

77

ひきざん ⑨　ちがいは　いくつ

① さいた あさがおが 5つ あります。
つぼみの あさがおが 3つ あります。
ちがいは いくつですか。

しき　$5 - 3 = 2$

こたえ　2つ

② いま でんせんに とまって いる すずめは
7わです。とんでいる すずめは 3わです。
ちがいは なんわですか。

しき　$7 - 3 = 4$

こたえ　4わ

③ すなばで 8にん あそんで います。
すべりだいで 3にん あそんで います。
ちがいは なんにんですか。

しき　$8 - 3 = 5$

こたえ　5にん

78

ひきざん ⑩　ちがいは　いくつ

① あかい くるまが 5だい とまって います。
しろい くるまが 7だい とまって います。
ちがいは なんだいですか。

しき　$7 - 5 = 2$

こたえ　2だい

② いぬが 4ひき います。ねこが 8ひき
います。ちがいは なんびきですか。

しき　$8 - 4 = 4$

こたえ　4ひき

③ おとなが 5にん います。こどもが 8にん
います。ちがいは なんにんですか。

しき　$8 - 5 = 3$

こたえ　3にん

79

ひきざん ⑪　ちがいは　いくつ

① えを みて 6−4の しきに なる もんだい
を つくりましょう。

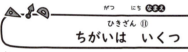

にわとりが 6 わ います。

ひよこが 4 わ います。

ちがいは なんわですか。

② えを みて 6−3の しきに なる もんだい
を つくりましょう。

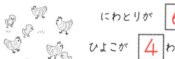

にわとりが 6わ います。
ひよこが 3わ います。
ちがいは なんわですか。

80

ひきざん ⑫　ちがいは　いくつ

① えを みて 9−5の しきに なる もんだい
を つくりましょう。

みかんが 9こ あります。
りんごは 5こ あります。
ちがいは なんこですか。

② えを みて 10−8の しきに なる もんだい
を つくりましょう。

まるい さらが 10まい あります。
しかくい さらが 8まい あります。
ちがいは なんまいですか。

81

20

つぎの けいさんを しましょう。

① $4-2=2$　② $5-4=1$

③ $9-7=2$　④ $6-1=5$

⑤ $10-5=5$　⑥ $7-2=5$

⑦ $8-5=3$　⑧ $9-8=1$

⑨ $6-3=3$　⑩ $10-4=6$

⑪ $3-1=2$　⑫ $8-3=5$

⑬ $10-9=1$　⑭ $5-3=2$

⑮ $9-2=7$

82

つぎの けいさんを しましょう。

① $8-1=7$　② $9-5=4$

③ $6-2=4$　④ $9-3=6$

⑤ $7-1=6$　⑥ $8-2=6$

⑦ $10-6=4$　⑧ $4-1=3$

⑨ $7-4=3$　⑩ $10-3=7$

⑪ $8-4=4$　⑫ $5-1=4$

⑬ $9-6=3$　⑭ $10-1=9$

⑮ $7-6=1$

83

つぎの けいさんを しましょう。

① $5-2=3$　② $9-1=8$

③ $7-3=4$　④ $8-7=1$

⑤ $10-8=2$　⑥ $4-3=1$

⑦ $6-5=1$　⑧ $8-6=2$

⑨ $2-1=1$　⑩ $10-2=8$

⑪ $3-2=1$　⑫ $7-5=2$

⑬ $9-4=5$　⑭ $6-4=2$

⑮ $10-7=3$

84

つぎの けいさんを しましょう。

① $3-1=2$　② $7-3=4$

③ $10-8=2$　④ $8-3=5$

⑤ $7-2=5$　⑥ $8-1=7$

⑦ $10-3=7$　⑧ $6-2=4$

⑨ $9-4=5$　⑩ $7-1=6$

⑪ $8-2=6$　⑫ $9-6=3$

⑬ $10-6=4$　⑭ $4-2=2$

⑮ $9-3=6$

85

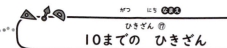

つぎの　けいさんを　しましょう。

① $5-2=3$ 　② $10-7=3$

③ $6-5=1$ 　④ $8-1=7$

⑤ $9-6=3$ 　⑥ $4-3=1$

⑦ $7-5=2$ 　⑧ $10-1=9$

⑨ $3-2=1$ 　⑩ $8-7=1$

⑪ $4-1=3$ 　⑫ $9-4=5$

⑬ $6-2=4$ 　⑭ $5-1=4$

⑮ $8-3=5$ 　⑯ $7-3=4$

⑰ $10-4=6$ 　⑱ $6-1=5$

⑲ $9-3=6$ 　⑳ $3-1=2$

86

つぎの　けいさんを　しましょう。

① $8-6=2$ 　② $5-3=2$

③ $9-2=7$ 　④ $10-3=7$

⑤ $7-5=2$ 　⑥ $8-2=6$

⑦ $6-3=3$ 　⑧ $10-1=9$

⑨ $3-2=1$ 　⑩ $9-5=4$

⑪ $8-7=1$ 　⑫ $10-7=3$

⑬ $2-1=1$ 　⑭ $8-4=4$

⑮ $7-2=5$ 　⑯ $9-1=8$

⑰ $6-4=2$ 　⑱ $10-2=8$

⑲ $4-3=1$ 　⑳ $8-1=7$

87

きんぎょが　4ひき　います。すくうと　のこりは
なんびきに　なりますか。

①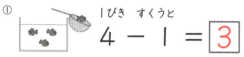
1ぴき　すくうと
$$4 - 1 = 3$$

②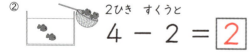
2ひき　すくうと
$$4 - 2 = 2$$

③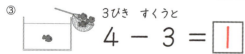
3びき　すくうと
$$4 - 3 = 1$$

④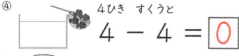
4ひき　すくうと
$$4 - 4 = 0$$

⑤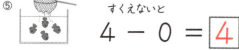
すくえないと
$$4 - 0 = 4$$

88

つぎの　けいさんを　しましょう。

① $4-0=4$ 　② $2-2=0$

③ $8-8=0$ 　④ $10-0=10$

⑤ $3-3=0$ 　⑥ $7-7=0$

⑦ $1-0=1$ 　⑧ $9-9=0$

⑨ $5-5=0$ 　⑩ $0-0=0$

⑪ $6-0=6$ 　⑫ $9-0=9$

⑬ $3-0=3$ 　⑭ $10-10=0$

⑮ $2-0=2$ 　⑯ $1-1=0$

⑰ $8-0=8$ 　⑱ $5-0=5$

⑲ $7-0=7$ 　⑳ $4-4=0$

89

まとめ ⑦
10までの ひきざん
/50てん

① つぎの けいさんを しましょう。　　(1もん5てん／30てん)

① $8-5=3$ 　② $10-4=6$

③ $6-3=3$ 　④ $9-7=2$

⑤ $3-0=3$ 　⑥ $5-2=3$

② とりが 9わ いました。 5わ とんで
いきました。
のこりは なんわ ですか。　　(しき5てん、こたえ5てん／10てん)

しき $9-5=4$

こたえ　4わ

③ こうえんに こどもが 8にん います。
4にん かえりました。
のこりは なんにん ですか。　　(しき5てん、こたえ5てん／10てん)

しき $8-4=4$

こたえ　4にん

90

まとめ ⑧
10までの ひきざん
/50てん

① つぎの けいさんを しましょう。　　(1もん5てん／30てん)

① $5-3=2$ 　② $9-6=3$

③ $10-7=3$ 　④ $7-4=3$

⑤ $8-2=6$ 　⑥ $6-0=6$

② いちごが 9こ あります。 3こ たべました。
のこりは なんこですか。　　(しき5てん、こたえ5てん／10てん)

しき $9-3=6$

こたえ　6こ

③ ねこが 5ひき います。いぬが 7ひき います。
ちがいは なんびき ですか。　　(しき5てん、こたえ5てん／10てん)

しき $7-5=2$

こたえ　2ひき

91

おおきい かず ①
10より おおきい かず

● なんこ ありますか。 □ に かずを
かきましょう。

①

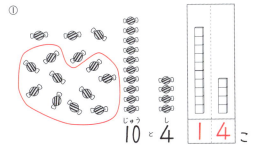

10 と 4　　14 こ

②

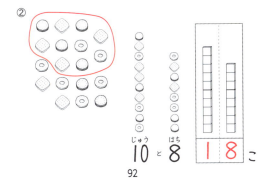

10 と 8　　18 こ

92

おおきい かず ②
10より おおきい かず

● タイルを すうじに かえて、 □ に
かきましょう。

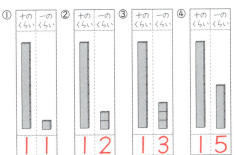

① 11　② 12　③ 13　④ 15

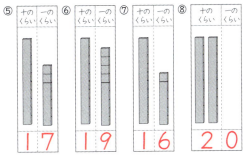

⑤ 17　⑥ 19　⑦ 16　⑧ 20

93

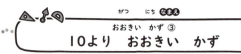

おおきい かず ③
10より おおきい かず

すうじの かずだけ タイルに いろを ぬりましょう。

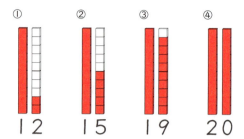

① 12　② 15　③ 19　④ 20

⑤ 18　⑥ 17　⑦ 13　⑧ 14

94

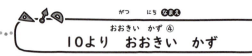

おおきい かず ④
10より おおきい かず

□に かずを かきましょう。

① 10と9で 19　② 10と10で 20
③ 10と1で 11　④ 10と3で 13
⑤ 10と2で 12　⑥ 10と8で 18
⑦ 10と4で 14　⑧ 10と7で 17
⑨ 10と5で 15　⑩ 10と6で 16

⑪ 15は10と 5　⑫ 17は10と 7
⑬ 12は10と 2　⑭ 16は10と 6
⑮ 11は10と 1　⑯ 19は10と 9
⑰ 18は10と 8　⑱ 13は10と 3
⑲ 20は10と 10　⑳ 14は10と 4

95

おおきい かず ⑤
たしざん

つぎの けいさんを しましょう。

① 14＋3＝17　② 13＋4＝17
③ 10＋6＝16　④ 15＋3＝18
⑤ 11＋6＝17　⑥ 10＋1＝11
⑦ 12＋5＝17　⑧ 17＋2＝19
⑨ 10＋7＝17　⑩ 15＋1＝16
⑪ 12＋6＝18　⑫ 16＋3＝19
⑬ 11＋7＝18　⑭ 12＋3＝15
⑮ 11＋8＝19　⑯ 16＋1＝17
⑰ 13＋2＝15　⑱ 10＋8＝18
⑲ 18＋1＝19　⑳ 12＋4＝16

96

おおきい かず ⑥
ひきざん

つぎの けいさんを しましょう。

① 14－4＝10　② 17－3＝14
③ 15－2＝13　④ 19－4＝15
⑤ 12－2＝10　⑥ 19－6＝13
⑦ 18－3＝15　⑧ 16－6＝10
⑨ 19－2＝17　⑩ 17－4＝13
⑪ 11－1＝10　⑫ 16－3＝13
⑬ 17－7＝10　⑭ 18－6＝12
⑮ 13－3＝10　⑯ 18－1＝17
⑰ 16－5＝11　⑱ 17－2＝15
⑲ 19－1＝18　⑳ 16－4＝12

97

24

まなさんは　どんぐりを　9こ　ひろいました。
また　4こ　ひろいました。どんぐりは、
ぜんぶで　なんこに　なりましたか。

① なにざんに　なりますか。

たしざん

② けいさんの　しかたを　かんがえましょう。

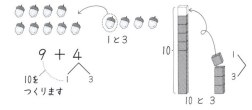

1と3

$$9 + 4$$

10を 　1　3
つくります

10と3

③ しきと　こたえを　かきましょう。

$$9 + 4 = 13$$

こたえ　　13こ

98

① ◯の　なかに　かずを　いれて、たしざんを　しましょう。

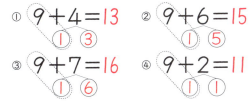

① $9 + 4 = 13$　　② $9 + 6 = 15$
　　1　3　　　　　　　　1　5

③ $9 + 7 = 16$　　④ $9 + 2 = 11$
　　1　6　　　　　　　　1　1

② つぎの　けいさんを　しましょう。

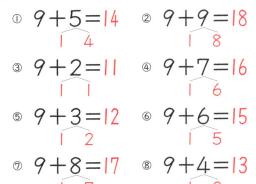

① $9 + 5 = 14$　　② $9 + 9 = 18$
　　1　4　　　　　　　　1　8

③ $9 + 2 = 11$　　④ $9 + 7 = 16$
　　1　1　　　　　　　　1　6

⑤ $9 + 3 = 12$　　⑥ $9 + 6 = 15$
　　1　2　　　　　　　　1　5

⑦ $9 + 8 = 17$　　⑧ $9 + 4 = 13$
　　1　7　　　　　　　　1　3

99

みかんが　8こ　あります。おかあさんから　6こ
もらいました。ぜんぶで　なんこに　なりましたか。

たす

① しきを　かきましょう。

$$8 + 6$$

② けいさんの　しかたを　かんがえましょう。

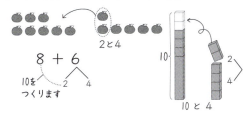

2と4

$$8 + 6$$

10を 　2　4
つくります

10と4

③ しきと　こたえを　かきましょう。
しき $8 + 6 = 14$

こたえ　　14こ

100

① ◯の　なかに　かずを　いれて、たしざんを　しましょう。

① $8 + 3 = 11$　　② $8 + 7 = 15$
　　2　1　　　　　　　　2　5

③ $8 + 6 = 14$　　④ $8 + 8 = 16$
　　2　4　　　　　　　　2　6

② つぎの　けいさんを　しましょう。

① $8 + 4 = 12$　　② $8 + 8 = 16$
　　2　2　　　　　　　　2　6

③ $8 + 6 = 14$　　④ $8 + 3 = 11$
　　2　4　　　　　　　　2　1

⑤ $8 + 9 = 17$　　⑥ $8 + 5 = 13$
　　2　7　　　　　　　　2　3

⑦ $8 + 2 = 10$　　⑧ $8 + 7 = 15$
　　2　0　　　　　　　　2　5

101

がつ　にち　なまえ

たしざん ㉕

くりあがりの　ある　たしざん

つぎの　けいさんを　しましょう。

① 5+9=14　② 6+7=13

③ 8+8=16　④ 9+7=16

⑤ 6+8=14　⑥ 9+5=14

⑦ 7+6=13　⑧ 3+9=12

⑨ 8+3=11　⑩ 9+4=13

⑪ 5+6=11　⑫ 7+8=15

⑬ 6+9=15　⑭ 7+9=16

⑮ 6+6=12　⑯ 2+9=11

⑰ 5+7=12　⑱ 9+9=18

⑲ 8+5=13　⑳ 7+7=14

102

がつ　にち　なまえ

たしざん ㉖

くりあがりの　ある　たしざん

つぎの　けいさんを　しましょう。

① 8+9=17　② 4+7=11

③ 9+2=11　④ 4+8=12

⑤ 7+4=11　⑥ 8+6=14

⑦ 9+8=17　⑧ 7+5=12

⑨ 3+8=11　⑩ 9+6=15

⑪ 8+4=12　⑫ 6+7=13

⑬ 5+9=14　⑭ 6+9=15

⑮ 6+6=12　⑯ 7+8=15

⑰ 9+3=12　⑱ 6+8=14

⑲ 5+6=11　⑳ 7+6=13

103

がつ　にち　なまえ

たしざん ㉗

くりあがりの　ある　たしざん

つぎの　けいさんを　しましょう。

① 7+4=11　② 3+8=11

③ 9+7=16　④ 7+5=12

⑤ 8+3=11　⑥ 4+8=12

⑦ 5+7=12　⑧ 8+8=16

⑨ 4+9=13　⑩ 7+7=14

⑪ 9+5=14　⑫ 8+7=15

⑬ 2+9=11　⑭ 8+9=17

⑮ 9+2=11　⑯ 8+4=12

⑰ 9+8=17　⑱ 5+8=13

⑲ 4+7=11　⑳ 8+6=14

104

がつ　にち　なまえ

たしざん ㉘

くりあがりの　ある　たしざん

つぎの　けいさんを　しましょう。

① 9+8=17　② 7+4=11

③ 9+9=18　④ 6+8=14

⑤ 7+6=13　⑥ 4+8=12

⑦ 9+7=16　⑧ 8+6=14

⑨ 5+9=14　⑩ 6+7=13

⑪ 8+9=17　⑫ 7+7=14

⑬ 5+8=13　⑭ 6+9=15

⑮ 8+7=15　⑯ 6+5=11

⑰ 3+9=12　⑱ 8+3=11

⑲ 9+5=14　⑳ 8+4=12

105

つぎの　けいさんを　しましょう。

① 4+9=13　② 5+7=12
③ 9+2=11　④ 7+5=12
⑤ 9+3=12　⑥ 3+8=11
⑦ 9+6=15　⑧ 2+9=11
⑨ 5+9=14　⑩ 7+8=15
⑪ 9+5=14　⑫ 7+9=16
⑬ 8+6=14　⑭ 6+7=13
⑮ 8+9=17　⑯ 5+8=13
⑰ 8+7=15　⑱ 5+6=11
⑲ 7+4=11　⑳ 3+9=12
㉑ 8+8=16　㉒ 4+8=12
㉓ 6+6=12　㉔ 8+3=11
㉕ 6+9=15

106

つぎの　けいさんを　しましょう。

① 7+6=13　② 8+5=13
③ 9+7=16　④ 4+9=13
⑤ 7+5=12　⑥ 9+9=18
⑦ 7+7=14　⑧ 9+3=12
⑨ 6+8=14　⑩ 9+6=15
⑪ 2+9=11　⑫ 5+7=12
⑬ 9+2=11　⑭ 6+5=11
⑮ 8+4=12　⑯ 9+8=17
⑰ 3+8=11　⑱ 9+4=13
⑲ 4+7=11　⑳ 6+6=12
㉑ 8+7=15　㉒ 6+9=15
㉓ 8+8=16　㉔ 9+5=14
㉕ 7+4=11

107

つぎの　けいさんを　しましょう。

① 7+5=12　② 9+9=18
③ 6+8=14　④ 2+9=11
⑤ 8+6=14　⑥ 9+4=13
⑦ 5+8=13　⑧ 9+6=15
⑨ 4+8=12　⑩ 5+6=11
⑪ 8+3=11　⑫ 7+6=13
⑬ 4+9=13　⑭ 9+3=12
⑮ 8+4=12　⑯ 7+9=16
⑰ 8+5=13　⑱ 4+7=11
⑲ 3+9=12　⑳ 7+7=14
㉑ 9+8=17　㉒ 5+7=12
㉓ 6+5=11　㉔ 3+8=11
㉕ 9+7=16

108

つぎの　けいさんを　しましょう。

① 8+9=17　② 6+7=13
③ 7+8=15　④ 5+9=14
⑤ 9+2=11　⑥ 7+9=16
⑦ 9+8=17　⑧ 5+6=11
⑨ 2+9=11　⑩ 9+6=15
⑪ 7+4=11　⑫ 6+9=15
⑬ 8+7=15　⑭ 6+5=11
⑮ 9+3=12　⑯ 8+4=12
⑰ 9+9=18　⑱ 8+6=14
⑲ 7+5=12　⑳ 9+7=16
㉑ 8+8=16　㉒ 4+7=11
㉓ 5+8=13　㉔ 6+8=14
㉕ 8+3=11

109

もんだいを　つくる

① えを　みて　8+7の　しきに　なる　もんだいを
つくりましょう。

ともこ　
たかし　

ともこさんは　どんぐりを　**8** こ、たかしさん

は　どんぐりを　**7** こ　ひろいました。

あわせて なんこですか。

② えを　みて　5+6の　しきに　なる　もんだいを
つくりましょう。

つばめが　**5** わ　とまって　います。

そこへ　**6** わ　**とんでくると**

ぜんぶで　なんわに　なりますか。

110

もんだいを　つくる

① えを　みて　9+3の　しきに　なる　もんだいを
つくりましょう。

あかい　くるまが　9だい、
しろい　くるまが　3だい　あります。
あわせて　なんだいですか。

② 7+8の　しきに　なる　もんだいを
つくりましょう。

たこやきが　7こ、べつの　いれものに
8こ　あります。
たこやきは、ぜんぶで　なんこですか。

111

くりあがりの　ある　たしざん　／50てん

① つぎの　けいさんを　しましょう。　(1もん5てん／30てん)

① $7+6=13$ ② $5+8=13$

③ $9+9=18$ ④ $4+7=11$

⑤ $6+9=15$ ⑥ $8+8=16$

② あかい　はなが　6ぼん、しろい　はなが　8ほん
あります。あわせて　なんぼん　ですか。
(しき5てん、こたえ5てん／10てん)

しき　$6+8=14$

こたえ　14ほん

③ バスに　7にん　のって　いました。
5にん　のって　きました。
あわせて　なんにんに　なりましたか。
(しき5てん、こたえ5てん／10てん)

しき　$7+5=12$

こたえ　12にん

112

くりあがりの　ある　たしざん　／50てん

① つぎの　けいさんを　しましょう。　(1もん5てん／30てん)

① $3+9=12$ ② $4+8=12$

③ $8+7=15$ ④ $6+5=11$

⑤ $7+9=16$ ⑥ $9+4=13$

② とりが　9わ　いました。5わ　とんで　きました。
あわせて　なんわに　なりましたか。
(しき5てん、こたえ5てん／10てん)

しき　$9+5=14$

こたえ　14わ

③ いろがみを　わたしが　8まい、いもうとが　5まい
もっています。　あわせて　なんまい　ですか。
(しき5てん、こたえ5てん／10てん)

しき　$8+5=13$

こたえ　13まい

113

ひきざん㉑
くりさがりの　ある　ひきざん

ゆうとさんは　どんぐりを　16こ　ひろいました。
おとうとに　9こ　あげました。
どんぐりは　なんこ　のこって　いますか。

➡ 9こ　あげる

① なにざんに　なりますか。

ひきざん

② けいさんの　しかたを　かんがえましょう。

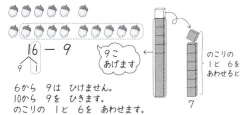

16 − 9
9   1

6から　9は　ひけません。
10から　9を　ひきます。
のこりの　1と　6を　あわせます。

9こ
あげます

のこりの
1と　6を
あわせると

7

③ しきと　こたえを　かきましょう。

$16 − 9 = 7$

こたえ　　　7こ

114

ひきざん㉒
くりさがりの　ある　ひきざん

つぎの　けいさんを　しましょう。

① $13 − 9 = 4$
　9　1
(1) 3から　9は　ひけません。
(2) 10ひく　9は　1。
(3) 1と　3で　4。

② $17 − 9 = 8$
　9　1
(1) 7から　9は　ひけません。
(2) 10ひく　9は　1。
(3) 1と　7で　…。

③ $15 − 9 = 6$　　④ $14 − 9 = 5$
　9　1　　　　　　　9　1

⑤ $18 − 9 = 9$　　⑥ $11 − 9 = 2$
　9　1　　　　　　　9　1

⑦ $16 − 9 = 7$　　⑧ $12 − 9 = 3$
　9　1　　　　　　　9　1

115

ひきざん㉓
くりさがりの　ある　ひきざん

えんぴつが　17ほん　あります。8ほん　けずると、けずって　いない　えんぴつは　なんぼんに　なりますか。

① しきを　かきましょう。

$17 − 8$

② けいさんの　しかたを　かんがえましょう。

けずりました

8ほん
けずります

のこりの
2と　7を
あわせると
9

17 − 8
8   2

7から　8は　ひけません。
10から　8を　ひきます。
のこりの　2と　7を　あわせます。

③ しきと　こたえを　かきましょう。

しき　$17 − 8 = 9$

こたえ　　　9ほん

116

ひきざん㉔
くりさがりの　ある　ひきざん

つぎの　けいさんを　しましょう。

① $11 − 8 = 3$
　8　2
(1) 1から　8は　ひけません。
(2) 10ひく　8は　2。
(3) 2と　1で　3。

② $14 − 8 = 6$
　8　2
(1) 4から　8は　ひけません。
(2) 10ひく　8は　2。
(3) 2と　4で　…。

③ $16 − 8 = 8$　　④ $12 − 8 = 4$
　8　2　　　　　　　8　2

⑤ $15 − 8 = 7$　　⑥ $13 − 8 = 5$
　8　2　　　　　　　8　2

⑦ $17 − 8 = 9$
　8　2

117

つぎの けいさんを しましょう。

① 15−8＝7　② 11−9＝2

③ 13−4＝9　④ 14−9＝5

⑤ 12−3＝9　⑥ 18−9＝9

⑦ 13−8＝5　⑧ 12−9＝3

⑨ 17−8＝9　⑩ 15−6＝9

⑪ 12−4＝8　⑫ 14−5＝9

⑬ 11−3＝8　⑭ 14−8＝6

⑮ 12−7＝5　⑯ 11−2＝9

⑰ 16−7＝9　⑱ 13−9＝4

⑲ 12−6＝6　⑳ 15−9＝6

118

つぎの けいさんを しましょう。

① 15−7＝8　② 13−6＝7

③ 11−7＝4　④ 17−9＝8

⑤ 14−6＝8　⑥ 12−8＝4

⑦ 16−9＝7　⑧ 11−6＝5

⑨ 16−8＝8　⑩ 13−5＝8

⑪ 11−8＝3　⑫ 15−9＝6

⑬ 14−5＝9　⑭ 18−9＝9

⑮ 14−8＝6　⑯ 16−7＝9

⑰ 13−8＝5　⑱ 12−7＝5

⑲ 13−9＝4　⑳ 11−4＝7

119

つぎの けいさんを しましょう。

① 11−8＝3　② 17−9＝8

③ 11−6＝5　④ 16−9＝7

⑤ 14−6＝8　⑥ 11−9＝2

⑦ 15−7＝8　⑧ 13−4＝9

⑨ 16−8＝8　⑩ 11−3＝8

⑪ 15−6＝9　⑫ 12−5＝7

⑬ 11−7＝4　⑭ 12−8＝4

⑮ 14−9＝5　⑯ 11−2＝9

⑰ 12−6＝6　⑱ 13−7＝6

⑲ 12−4＝8　⑳ 13−6＝7

120

つぎの けいさんを しましょう。

① 14−9＝5　② 11−4＝7

③ 18−9＝9　④ 14−6＝8

⑤ 17−8＝9　⑥ 12−3＝9

⑦ 16−8＝8　⑧ 13−6＝7

⑨ 15−9＝6　⑩ 11−6＝5

⑪ 14−5＝9　⑫ 11−9＝2

⑬ 12−6＝6　⑭ 13−9＝4

⑮ 16−7＝9　⑯ 12−9＝3

⑰ 13−7＝6　⑱ 11−5＝6

⑲ 17−9＝8　⑳ 14−8＝6

121

30

ひきざん㉙
くりさがりの　ある　ひきざん

つぎの　けいさんを　しましょう。

① 11−8＝3　② 12−4＝8
③ 11−2＝9　④ 15−8＝7
⑤ 11−7＝4　⑥ 15−6＝9
⑦ 12−8＝4　⑧ 13−4＝9
⑨ 17−8＝9　⑩ 14−7＝7
⑪ 12−3＝9　⑫ 11−5＝6
⑬ 13−5＝8　⑭ 12−9＝3
⑮ 16−7＝9　⑯ 13−9＝4
⑰ 14−5＝9　⑱ 13−7＝6
⑲ 11−6＝5　⑳ 15−9＝6
㉑ 14−6＝8　㉒ 12−5＝7
㉓ 16−9＝7　㉔ 13−8＝5
㉕ 11−9＝2

122

ひきざん㉚
くりさがりの　ある　ひきざん

つぎの　けいさんを　しましょう。

① 15−8＝7　② 18−9＝9
③ 11−4＝7　④ 14−8＝6
⑤ 12−7＝5　⑥ 16−8＝8
⑦ 14−9＝5　⑧ 11−3＝8
⑨ 15−7＝8　⑩ 12−6＝6
⑪ 11−8＝3　⑫ 13−6＝7
⑬ 17−9＝8　⑭ 12−4＝8
⑮ 15−6＝9　⑯ 11−7＝4
⑰ 12−8＝4　⑱ 11−2＝9
⑲ 13−4＝9　⑳ 12−9＝3
㉑ 16−9＝7　㉒ 12−3＝9
㉓ 14−5＝9　㉔ 13−9＝4
㉕ 16−7＝9

123

ひきざん㉛
くりさがりの　ある　ひきざん

つぎの　けいさんを　しましょう。

① 14−7＝7　② 11−3＝8
③ 17−8＝9　④ 13−7＝6
⑤ 12−5＝7　⑥ 16−8＝8
⑦ 11−7＝4　⑧ 14−9＝5
⑨ 12−4＝8　⑩ 18−9＝9
⑪ 11−6＝5　⑫ 15−8＝7
⑬ 13−5＝8　⑭ 12−6＝6
⑮ 14−8＝6　⑯ 15−6＝9
⑰ 11−9＝2　⑱ 14−6＝8
⑲ 11−2＝9　⑳ 15−9＝6
㉑ 13−6＝7　㉒ 11−4＝7
㉓ 12−8＝4　㉔ 15−7＝8
㉕ 11−5＝6

124

ひきざん㉜
くりさがりの　ある　ひきざん

つぎの　けいさんを　しましょう。

① 13−4＝9　② 12−7＝5
③ 11−8＝3　④ 17−9＝8
⑤ 13−8＝5　⑥ 11−9＝2
⑦ 14−5＝9　⑧ 11−4＝7
⑨ 16−7＝9　⑩ 12−9＝3
⑪ 15−7＝8　⑫ 13−9＝4
⑬ 14−8＝6　⑭ 11−7＝4
⑮ 18−9＝9　⑯ 17−8＝9
⑰ 11−2＝9　⑱ 14−9＝5
⑲ 12−6＝6　⑳ 13−7＝6
㉑ 15−6＝9　㉒ 11−5＝6
㉓ 16−9＝7　㉔ 12−3＝9
㉕ 15−9＝6

125

31

ひきざん㉝
もんだいを　つくる

① えを　みて　12−3の　しきに　なる　もんだいを
つくりましょう。

りんごが　| 12 |　こ　あります。

| 3 |こ　たべました。

| のこりは |　なんこに　なりましたか。

② えを　みて　13−9の　しきに　なる　もんだいを
つくりましょう。

いぬが　| 13 |　びき　います。

ねこは　| 9 |　ひき　います。

いぬは　なんびき　| おおい |　ですか。

126

ひきざん㉞
もんだいを　つくる

① えを　みて　11−5の　しきに　なる　もんだいを
つくりましょう。

すずめが　11わ　いました。
5わ　とんで　いきました。
のこりは　なんわですか。

② えを　みて　15−8の　しきに　なる　もんだいを
つくりましょう。

トマトが　15こ　あります。
くりが　8こ　あります。
トマトは　なんこ　おおいですか。

127

まとめテスト

まとめ⑪
くりさがりの　ある　ひきざん　／50てん

★☆☆
① つぎの　けいさんを　しましょう。　(1もん5てん／30てん)

① $12-5=7$　② $14-6=8$

③ $17-9=8$　④ $11-3=8$

⑤ $15-8=7$　⑥ $16-7=9$

★★★
② あかい　ふうせんが　11こ、しろい　ふうせんが
8こ　あります。ちがいは　なんこですか。
(しき5てん、こたえ5てん／10てん)

しき $11-8=3$

こたえ　　3こ

★★★
③ いちごが　13こ　あります。7こ　たべました。
のこりは　なんこに　なりましたか。
(しき5てん、こたえ5てん／10てん)

しき $13-7=6$

こたえ　　6こ

128

まとめテスト

まとめ⑫
くりさがりの　ある　ひきざん　／50てん

★☆☆
① つぎの　けいさんを　しましょう。　(1もん5てん／30てん)

① $15-6=9$　② $12-4=8$

③ $13-5=8$　④ $17-8=9$

⑤ $18-9=9$　⑥ $14-7=7$

★★★
② こうえんで　こどもが　11にん　あそんで　いました。
5にん　かえりました。のこりは　なんにんですか。
(しき5てん、こたえ5てん／10てん)

しき $11-5=6$

こたえ　　6にん

★★★
③ めだかが　7ひき、きんぎょが　16ぴき　います。
ちがいは　なんびきですか。
(しき5てん、こたえ5てん／10てん)

しき $16-7=9$

こたえ　　9ひき

129

32

ながさくらべ

ながさ ①

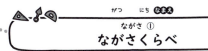

① どちらが ながいですか。ながい ほうに ○を
つけましょう。

① ほうき　　　　② クレパス

（ ○ ）（ 　 ）　　（ ○ ）（ 　 ）

② どれが いちばん ながいですか。いちばん
ながい ものに ○を つけましょう。

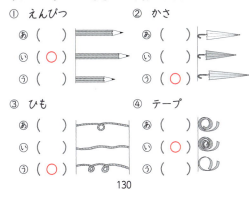

① えんぴつ
ⓐ（ 　 ）
ⓘ（ ○ ）
ⓤ（ 　 ）

② かさ
ⓐ（ 　 ）
ⓘ（ 　 ）
ⓤ（ ○ ）

③ ひも
ⓐ（ 　 ）
ⓘ（ 　 ）
ⓤ（ ○ ）

④ テープ
ⓐ（ 　 ）
ⓘ（ ○ ）
ⓤ（ 　 ）

130

ながさくらべ

ながさ ②

① どちらが ながいですか。ながい ほうに ○を
つけましょう。

① かみの たてと よこ

ⓐ たて（ ○ ）

ⓘ よこ（ 　 ）

② ⓐ きの みきの
　 まわり

ⓘ でんしんばしらの
　 まわり

ⓐ（ 　 ）

ⓘ（ ○ ）

③ ほんの たてと よこ

ⓐ たて（ ○ ）

ⓘ よこ（ 　 ）

④ ほんの たてと よこ

ⓐ たて（ ○ ）

ⓘ よこ（ 　 ）

131

ながさくらべ

ながさ ③

● けいさんカードを つかって ながさくらべを
しました。ながい ほうに ○を つけましょう。

① ペンと えんぴつ

ⓐ（ 　 ）ⓘ（ ○ ）

② えほんの たてと よこ

ⓐ たて
（ 　 ）

ⓘ よこ
（ ○ ）

③ くつ

ⓐ（ ○ ）せんせいの くつは カード 4まい
と すこし ありました。

ⓘ（ 　 ）ぼくの くつは カード 3まいと
すこし ありました。

④ きゅうしょくの おぼん

ⓐ（ 　 ）おぼんの たては カード 5まいと
すこし ありました。

ⓘ（ ○ ）おぼんの よこは カード 7まいと
すこし ありました。

132

ながさくらべ

ながさ ④

① ますめ なんこぶんの ながさですか。

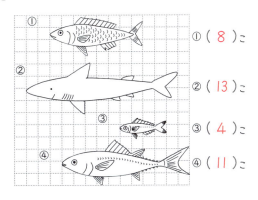

①（ 8 ）こ

②（ 13 ）こ

③（ 4 ）こ

④（ 11 ）こ

② ながい じゅんに ばんごうを つけましょう。

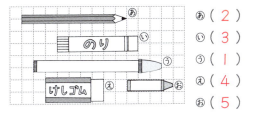

ⓐ（ 2 ）

ⓘ（ 3 ）

ⓤ（ 1 ）

ⓔ（ 4 ）

ⓞ（ 5 ）

133

33

ひろさくらべ

どちらが　ひろいですか。ひろい　ほうに　○を
つけましょう。

①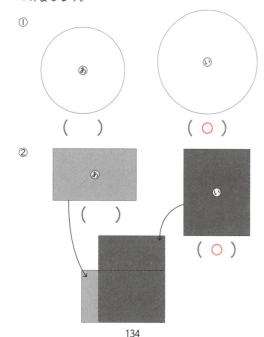

（　　）　　　（○）

②

（　　）

（○）

ひろさくらべ

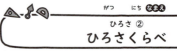

どちらが　ひろいですか。ひろい　ほうに　○を
つけましょう。

①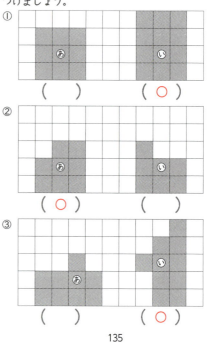

（　　）　　　（○）

②

（○）　　　（　　）

③

（　　）　　　（○）

かさくらべ

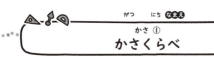

① どちらの　かさが　おおいですか。
　おおい　ほうに　○を　つけましょう。

（○）　　　　　　　　（　　）

② どれが　いちばん　おおいですか。
　いちばん　おおい　ものに　○を　つけましょう。

①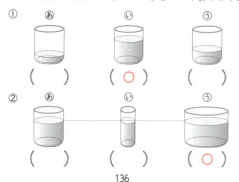

（　　）　　（○）　　（　　）

②

（　　）　　（　　）　　（○）

かさくらべ

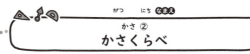

① どちらの　かさが　おおいですか。
　おおい　ほうに　○を　つけましょう。

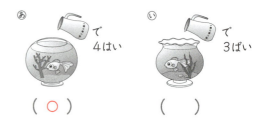

で
4はい

で
3ばい

（○）　　　　　　　　（　　）

② どれが　いちばん　おおいですか。
　いちばん　おおい　ものに　○を　つけましょう。

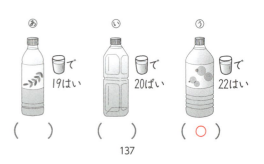

で
19はい

で
20ばい

で
22はい

（　　）　　（　　）　　（○）

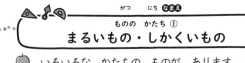

まるいもの・しかくいもの
ものの かたち ①

いろいろな かたちの ものが あります。
（ ）に ばんごうを いれて なかまわけを
しましょう。はいらない ものも あります。

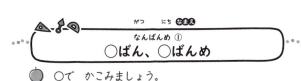

(①)(⑧) (③)(⑤) (④)(⑥)

138

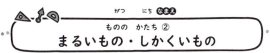

まるいもの・しかくいもの
ものの かたち ②

① どちらが よく ころがりますか。よく ころがる
ものに ○を つけましょう。

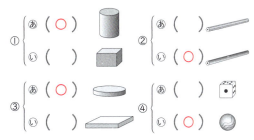

① あ(○) い( )
② あ( ) い(○)
③ あ(○) い( )
④ あ( ) い(○)

② ○ ⬭ ▱ の かたちの なかまを それぞれ
なんこ つかっていますか。

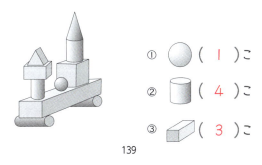

① ○ (1)こ
② ⬭ (4)こ
③ ▱ (3)こ

139

○ばん、○ばんめ
なんばんめ ①

○で かこみましょう。

① まえから 4にん

② まえから 5にんめ

③ うしろから 3にん

④ うしろから 5にんめ

⑤ まえから 3にん

⑥ うしろから 3にんめ

140

○ばん、○ばんめ
なんばんめ ②

○で かこみましょう。

① みぎから 2ほん

② みぎから 4ほんめ

③ ひだりから 3ぼん

④ ひだりから 6ぼんめ

⑤ みぎから 3ぼん

⑥ ひだりから 4ほんめ

141

35

○ばん、○ばんめ

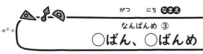

えを みて こたえましょう。

① ふねには みんなで なんにん のって いますか。
（ 10にん ）

② けんさんは まえから 4ばんめに のって います。けんさんの まえには なんにん のって いますか。
（ 3にん ）

③ けんさんの うしろには なんにん のって います か。
（ 6にん ）

④ みくさんの うしろに 5にん います。みくさん は うしろから なんばんめに のって いますか。
（ 6ばんめ ）

142

○ばん、○ばんめ

えを みて こたえましょう。

① にほんの はた（ ● ）は どこに ありますか。うえから なんばんめ、みぎから なんばんめですか。
（ うえから 1ばんめ、みぎから 4ばんめ ）

② スイスの はた（ ✚ ）は どこに ありますか。うえから なんばんめ、みぎから なんばんめですか。
（ うえから 3ばんめ、みぎから 3ばんめ ）

③ アメリカの はた（ ■ ）は どこに ありますか。し たから なんばんめ、ひだりから なんばんめですか。
（ したから 2ばんめ、ひだりから 5ばんめ ）

④ カナダの はた（ 🍁 ）は どこに ありますか。した から なんばんめ、ひだりから なんばんめですか。
（ したから 3ばんめ、ひだりから 4ばんめ ）

143

3つの かずの けいさん

① すずめが 5わ いました。　3わ きました。　また 1わ きました。

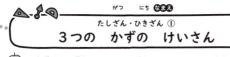

ぜんぶで なんわに なりましたか。

$$5+3+1=9$$

5に 3たして 8、8に 1たして 9

こたえ 9わ

② すずめが 7わ いました。　3わ とんで いきました。　4わ とんで きました。

いま、すずめは なんわ いますか。

しき $7-3+4=8$

こたえ 8わ

144

3つの かずの けいさん

① みかんが 8こ ありました。そのうち 4こ たべました。また 2こ たべました。のこりは なんこに なりますか。

しき $8-4-2=2$

こたえ 2こ

② みかんを 6こ もっていました。おとうさんから 4こ もらいました。おとうとに 3こ あげました。いま なんこ もっていますか。

しき $6+4-3=7$

こたえ 7こ

145

つぎの　けいさんを　しましょう。

① $2+3+4=9$　② $3+1+3=7$

③ $6+2+1=9$　④ $1+2+3=6$

⑤ $4+3+2=9$　⑥ $7+1+1=9$

⑦ $1+1+3=5$　⑧ $5+1+2=8$

⑨ $1+1+4=6$　⑩ $3+2+1=6$

⑪ $4+1+2=7$　⑫ $5+3+1=9$

⑬ $2+2+3=7$　⑭ $6+1+2=9$

⑮ $1+4+3=8$　⑯ $3+4+1=8$

⑰ $5+2+2=9$　⑱ $2+1+3=6$

⑲ $4+2+1=7$　⑳ $1+6+2=9$

つぎの　けいさんを　しましょう。

① $5-2-1=2$　② $7-3-2=2$

③ $9-4-3=2$　④ $6-2-3=1$

⑤ $8-4-2=2$　⑥ $7-4-1=2$

⑦ $9-5-2=2$　⑧ $8-3-2=3$

⑨ $6-3-1=2$　⑩ $9-3-5=1$

⑪ $10-1-3=6$　⑫ $10-3-5=2$

⑬ $10-5-2=3$　⑭ $10-7-1=2$

⑮ $10-5-1=4$　⑯ $10-8-2=0$

⑰ $10-2-3=5$　⑱ $14-4-4=6$

⑲ $13-3-6=4$　⑳ $15-5-3=7$

つぎの　けいさんを　しましょう。

① $3+7-6=4$　② $4+6-7=3$

③ $5+5-8=2$　④ $6+4-9=1$

⑤ $8+2-5=5$　⑥ $7+5-4=8$

⑦ $8+4-6=6$　⑧ $9+2-3=8$

⑨ $5+7-6=6$　⑩ $6+9-7=8$

⑪ $9+2-4=7$　⑫ $8+4-3=9$

⑬ $9+3-7=5$　⑭ $6+7-8=5$

⑮ $7+8-9=6$　⑯ $4+7-5=6$

⑰ $8+8-9=7$　⑱ $9+5-6=8$

⑲ $7+7-8=6$　⑳ $6+5-3=8$

つぎの　けいさんを　しましょう。

① $8-4+7=11$　② $9-2+5=12$

③ $7-4+9=12$　④ $8-3+6=11$

⑤ $9-5+8=12$　⑥ $6-3+9=12$

⑦ $7-2+8=13$　⑧ $9-4+7=12$

⑨ $7-3+8=12$　⑩ $8-5+9=12$

⑪ $14-5+3=12$　⑫ $11-2+6=15$

⑬ $13-5+4=12$　⑭ $12-4+7=15$

⑮ $16-9+8=15$　⑯ $14-8+5=11$

⑰ $13-7+9=15$　⑱ $15-6+2=11$

⑲ $12-5+6=13$　⑳ $16-8+5=13$

まとめ⑬ たしざん・ひきざん　/50 てん

① つぎの けいさんを しましょう。　(1もん5てん/30てん)

① 2+4+3=9　② 15-5-2=8

③ 8+2-5=5　④ 10-6+1=5

⑤ 7+3+4=14　⑥ 18-8-6=4

② バスに 10にん のって いました。7にん おりて 3にん のって きました。
バスに なんにん のって いますか。
(しき5てん、こたえ5てん/10てん)

しき 10-7+3=6

こたえ　6にん

③ いちごが 13こ あります。わたしが 3こ たべました。そのあと いもうとが 4こ たべました。
いちごは いくつ のこって いますか。
(しき5てん、こたえ5てん/10てん)

しき 13-3-4=6

こたえ　6こ

150

まとめ⑭ たしざん・ひきざん　/50 てん

① つぎの けいさんを しましょう。　(1もん5てん/30てん)

① 6+3+1=10　② 13-3-7=3

③ 5+4-2=7　④ 10-8+5=7

⑤ 2+8-3=7　⑥ 7-3+4=8

② あめを わたしが 4こ、いもうとが 2こ、おとうとが 3こ たべました。たべた あめは ぜんぶで なんこですか。
(しき5てん、こたえ5てん/10てん)

しき 4+2+3=9

こたえ　9こ

③ とりが 3わ います。5わ とんで きました。2わ とんで いきました。
とりは なんわに なりましたか。(しき5てん、こたえ5てん/10てん)

しき 3+5-2=6

こたえ　6わ

151

とけい① ○じ

● とけいには、みじかい はりと、ながい はりが あります。
つぎの とけいは なんじですか。

① みじかい はりが→ 2
ながい はりが── 12
の とき
2じと いいます。

② みじかい はりが→ 3
ながい はりが── 12
の とき
3じ です。

③ みじかい はりが→ 7
ながい はりが── 12
の とき
7じ です。

152

とけい② ○じ

● つぎの とけいは なんじですか。

（ 5 じ）　（ 8 じ）　（ 6 じ）

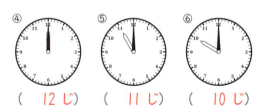

（ 12 じ）　（ 11 じ）　（ 10 じ）

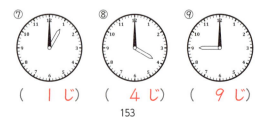

（ 1 じ）　（ 4 じ）　（ 9 じ）

153

38

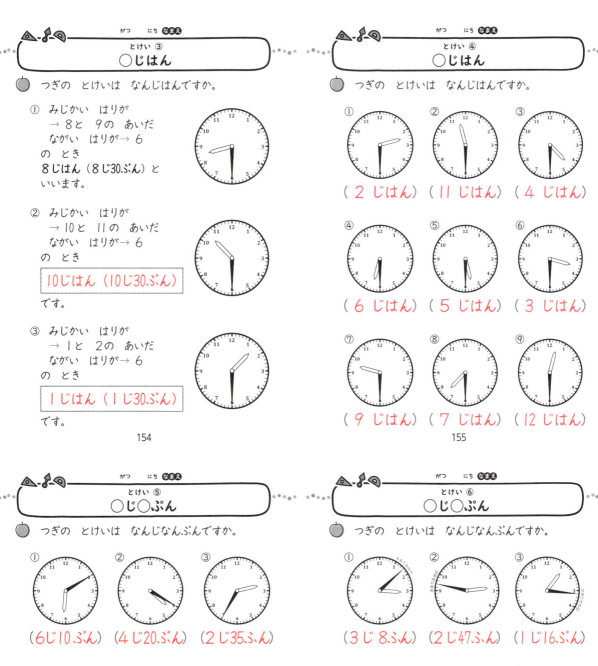

◯じはん

つぎの とけいは なんじはんですか。

① みじかい はりが
　→ 8と 9の あいだ
　ながい はりが→ 6
　の とき
　8じはん（8じ30ぷん）と
　いいます。

② みじかい はりが
　→ 10と 11の あいだ
　ながい はりが→ 6
　の とき
　10じはん（10じ30ぷん）
　です。

③ みじかい はりが
　→ 1と 2の あいだ
　ながい はりが→ 6
　の とき
　1じはん（1じ30ぷん）
　です。

154

◯じはん

つぎの とけいは なんじはんですか。

① （ 2 じはん） ② （ 11 じはん） ③ （ 4 じはん）

④ （ 6 じはん） ⑤ （ 5 じはん） ⑥ （ 3 じはん）

⑦ （ 9 じはん） ⑧ （ 7 じはん） ⑨ （ 12 じはん）

155

◯じ◯ぷん

つぎの とけいは なんじなんぷんですか。

① （6じ10ぷん） ② （4じ20ぷん） ③ （2じ35ふん）

④ （12じ25ふん） ⑤ （1じ15ふん） ⑥ （8じ5ふん）

⑦ （10じ55ふん） ⑧ （3じ50ぷん） ⑨ （7じ45ふん）

156

◯じ◯ぷん

つぎの とけいは なんじなんぷんですか。

① （3じ8ふん） ② （2じ47ふん） ③ （1じ16ぷん）

④ （6じ17ふん） ⑤ （9じ37ふん） ⑥ （7じ43ぷん）

⑦ （10じ32ふん） ⑧ （12じ28ぷん） ⑨ （5じ54ぷん）

157

まとめ⑮
とけい
/50てん

① とけいを よみましょう。　(1つ5てん/40てん)

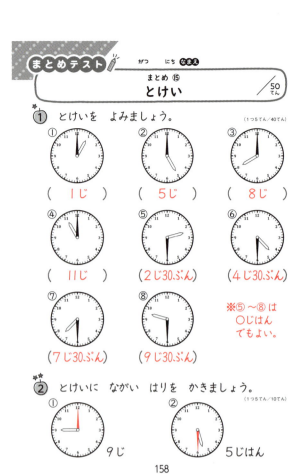

① (1じ)　② (5じ)　③ (8じ)

④ (11じ)　⑤ (2じ30ぷん)　⑥ (4じ30ぷん)

⑦ (7じ30ぷん)　⑧ (9じ30ぷん)

※⑤～⑧は
〇じはん
でもよい。

② とけいに ながい はりを かきましょう。　(1つ5てん/10てん)

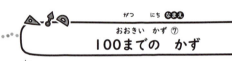

① 9じ　② 5じはん

158

まとめ⑯
とけい
/50てん

① とけいを よみましょう。　(1つ5てん/30てん)

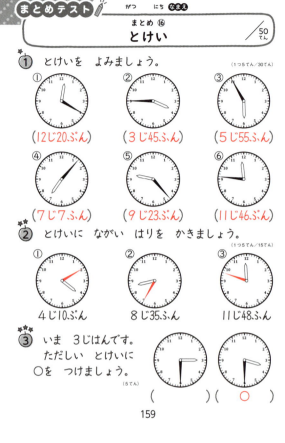

① (12じ20ぷん)　② (3じ45ふん)　③ (5じ55ふん)

④ (7じ7ふん)　⑤ (9じ23ふん)　⑥ (11じ46ふん)

② とけいに ながい はりを かきましょう。　(1つ5てん/15てん)

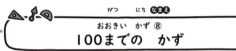

① 4じ10ぷん　② 8じ35ふん　③ 11じ48ふん

③ いま 3じはんです。
ただしい とけいに
〇を つけましょう。　(5てん)

(　)(〇)

159

おおきい かず⑦
100までの かず

① まめは ぜんぶで なんこ ありますか。

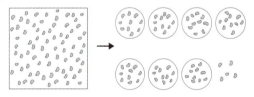

10の かたまりを つくると うまく かぞえられます。
10の かたまりが 7こと はんぱが 5こです。
たねは ぜんぶで (75)こです。

② ぼうの かずを タイルと すうじで かきましょう。

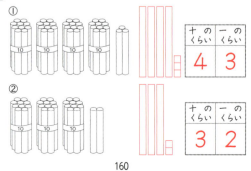

①
十の くらい	一の くらい
4	3

②
十の くらい	一の くらい
3	2

160

おおきい かず⑧
100までの かず

① □□ に かずを かきましょう。

① 10が 6こと 1が 8こで 6 8 です。

② 10が 9こで 9 0 です。

③ 73は 10を 7 こと 1を 3 に あつめた
かずです。

④ 96は 10を 9 こと 1を 6 に あつめた
かずです。

② □□ に かずを かきましょう。

① 十のくらいが 3、一のくらいが 6の
かずは 3 6 。

② 十のくらいが 9、一のくらいが 4の
かずは 9 4 。

③ 57の 十のくらいは 5 、一のくらいは 7 。

④ 80の 十のくらいは 8 、一のくらいは 0 。

161

100までの かず ⑨

① おおきい じゅんに （ ）に 1、2、3、4と ばんごうを かきましょう。

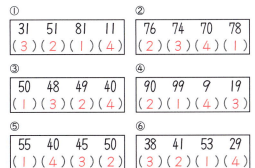

①

31	51	81	11
（3）	（2）	（1）	（4）

②

76	74	70	78
（2）	（3）	（4）	（1）

③

50	48	49	40
（1）	（3）	（2）	（4）

④

90	99	9	19
（2）	（1）	（4）	（3）

⑤

55	40	45	50
（1）	（4）	（3）	（2）

⑥

38	41	53	29
（3）	（2）	（1）	（4）

② ちいさい じゅんに （ ）に 1、2、3、4と ばんごうを かきましょう。

①

53	51	57	55
（2）	（1）	（4）	（3）

②

72	76	78	74
（1）	（3）	（4）	（2）

③

99	69	89	79
（4）	（1）	（3）	（2）

④

96	97	99	98
（1）	（2）	（4）	（3）

162

100までの かず ⑩

① タイルの かずを すうじで かきましょう。

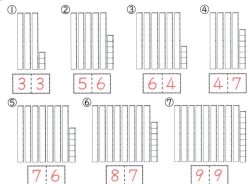

① 3 3　② 5 6　③ 6 4　④ 4 7

⑤ 7 6　⑥ 8 7　⑦ 9 9

② 99より 1 おおきい かずを 100（ひゃく）といいます。100は 10を 10こ あつめた かずです。

10の タイルが 10ぽん

10が 10こで（ 100 ）

③ □に かずを かきましょう。

① 100より 1 ちいさい かずは 9 9 です。

② 99より 1 おおきい かずは 1 0 0 です。

163

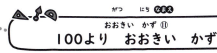

100より おおきい かず ⑪

① いくつとびに なっているか かんがえて かずを かきましょう。

① 70 - 80 - 90 - 100 - 110 - 120
② 96 - 98 - 100 - 102 - 104 - 106
③ 70 - 80 - 90 - 100 - 110 - 120
④ 90 - 95 - 100 - 105 - 110 - 115
⑤ 110 - 112 - 114 - 116 - 118 - 120

② □に かずを かきましょう。

① 100より 1 おおきい かずは 1 0 1 です。

② 100より 1 ちいさい かずは 9 9 です。

③ 109より 1 おおきい かずは 1 1 0 です。

④ 120より 1 ちいさい かずは 1 1 9 です。

⑤ 100より 5 ちいさい かずは 9 5 です。

164

100より おおきい かず ⑫

じゅんじょよく かぞえて かずを かきましょう。

① 90 - 91 - 92 - 93 - 94 - 95
② 95 - 96 - 97 - 98 - 99 - 100
③ 100 - 101 - 102 - 103 - 104 - 105
④ 105 - 106 - 107 - 108 - 109 - 110
⑤ 110 - 111 - 112 - 113 - 114 - 115
⑥ 115 - 116 - 117 - 118 - 119 - 120
⑦ 110 - 111 - 112 - 113 - 114 - 115
⑧ 120 - 119 - 118 - 117 - 116 - 115
⑨ 115 - 114 - 113 - 112 - 111 - 110
⑩ 110 - 109 - 108 - 107 - 106 - 105

165

41

おおきい かず ⑬
100より おおきい かず

がつ　にち　なまえ

● □に かずを かきましょう。

①

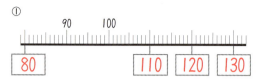

80　110　120　130

②

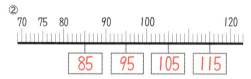

85　95　105　115

③

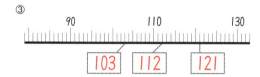

103　112　121

④

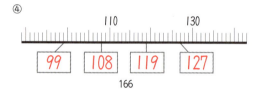

99　108　119　127

166

おおきい かず ⑭
100より おおきい かず

がつ　にち　なまえ

① □に かずを かきましょう。

① 100より 10おおきい かずは 110 です。

② 100より 11おおきい かずは 111 です。

③ 110より 5おおきい かずは 115 です。

④ 110より 10おおきい かずは 120 です。

⑤ 110より 15おおきい かずは 125 です。

② どちらが おおきいですか。おおきい ほうに ○を つけましょう。

① 120 , 102　　② 110 , 130
　(○) ( )　　　　( ) (○)

③ 119 , 121　　④ 108 , 120
　( ) (○)　　　　( ) (○)

⑤ 132 , 123　　⑥ 100 , 111
　(○) ( )　　　　( ) (○)

167

おおきい かず ⑮
たしざん

がつ　にち　なまえ

① おはじきが はこに 50こ あります。そとに 7こ あります。ぜんぶで なんこですか。

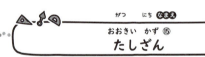

しき 50＋7＝57

こたえ　　57こ

② つぎの けいさんを しましょう。

① 30＋5＝35　　② 60＋4＝64

③ 70＋8＝78　　④ 20＋9＝29

⑤ 10＋6＝16　　⑥ 9＋20＝29

⑦ 1＋80＝81　　⑧ 7＋40＝47

⑨ 3＋90＝93　　⑩ 4＋50＝54

168

おおきい かず ⑯
たしざん

がつ　にち　なまえ

① おおきい すいそうに きんぎょが 13びき います。ちいさい すいそうに きんぎょが 5ひき います。きんぎょは みんなで なんびきですか。

しき 13＋5＝18

こたえ　　18ひき

② つぎの けいさんを しましょう。

① 22＋6＝28　　② 51＋7＝58

③ 36＋1＝37　　④ 74＋4＝78

⑤ 45＋2＝47　　⑥ 6＋23＝29

⑦ 3＋64＝67　　⑧ 8＋41＝49

⑨ 7＋12＝19　　⑩ 4＋55＝59

169

42

① あかぐみ 50にん、しろぐみ 50にんで
たまいれを しました。みんなで なんにんですか。

しき 50＋50＝100

こたえ 100にん

② つぎの けいさんを しましょう。

① 10＋60＝70 　② 30＋40＝70
③ 60＋20＝80 　④ 80＋10＝90
⑤ 50＋30＝80 　⑥ 20＋50＝70
⑦ 40＋40＝80 　⑧ 70＋10＝80
⑨ 60＋40＝100 　⑩ 30＋70＝100
⑪ 80＋20＝100 　⑫ 10＋90＝100
⑬ 70＋30＝100 　⑭ 50＋50＝100
⑮ 20＋80＝100

170

つぎの けいさんを しましょう。

① 40＋3＝43 　② 2＋50＝52
③ 20＋4＝24 　④ 3＋30＝33
⑤ 60＋1＝61 　⑥ 2＋70＝72
⑦ 10＋7＝17 　⑧ 1＋50＝51
⑨ 64＋2＝66 　⑩ 3＋52＝55
⑪ 42＋6＝48 　⑫ 5＋74＝79
⑬ 86＋3＝89 　⑭ 21＋8＝29
⑮ 3＋35＝38 　⑯ 4＋15＝19
⑰ 40＋60＝100 　⑱ 80＋20＝100
⑲ 50＋50＝100 　⑳ 30＋60＝90
㉑ 70＋20＝90 　㉒ 60＋40＝100
㉓ 20＋70＝90 　㉔ 10＋90＝100
㉕ 30＋70＝100

171

① さいふに 58えん ありました。50えんの
えんぴつを かいました。
のこりは なんえんですか。

しき 58－50＝8

こたえ 8えん

② つぎの けいさんを しましょう。

① 11－10＝1 　② 37－30＝7
③ 56－50＝6 　④ 69－9＝60
⑤ 74－4＝70 　⑥ 45－40＝5
⑦ 86－6＝80 　⑧ 23－20＝3
⑨ 44－4＝40 　⑩ 62－2＝60

172

① おりがみが 39まい ありました。7まい
つかいました。のこりは なんまいですか。

しき 39－7＝32

こたえ 32まい

② つぎの けいさんを しましょう。

① 23－1＝22 　② 16－4＝12
③ 48－5＝43 　④ 87－6＝81
⑤ 66－1＝65 　⑥ 59－7＝52
⑦ 35－3＝32 　⑧ 97－5＝92
⑨ 79－8＝71 　⑩ 47－2＝45

173

① たまいれを　しました。あかぐみは　50こ
　はいりました。しろぐみは　60こ　はいりました。
　どちらの　くみが　なんこ　おおいですか。

しき　60−50＝10

こたえ　**しろぐみが　10こ　おおい**

② つぎの　けいさんを　しましょう。

① 80−40＝40　　② 60−30＝30

③ 70−10＝60　　④ 50−20＝30

⑤ 100−50＝50　　⑥ 100−70＝30

⑦ 40−30＝10　　⑧ 100−90＝10

⑨ 90−30＝60　　⑩ 100−40＝60

174

① つぎの　けいさんを　しましょう。

① 32−30＝2　　② 71−1＝70

③ 48−40＝8　　④ 68−8＝60

⑤ 53−3＝50　　⑥ 69−60＝9

⑦ 95−5＝90　　⑧ 27−7＝20

⑨ 24−20＝4　　⑩ 87−80＝7

⑪ 18−6＝12　　⑫ 47−4＝43

⑬ 69−5＝64　　⑭ 36−3＝33

⑮ 54−2＝52　　⑯ 85−1＝84

⑰ 93−2＝91　　⑱ 80−10＝70

⑲ 90−40＝50　　⑳ 100−30＝70

㉑ 50−40＝10　　㉒ 100−60＝40

㉓ 100−80＝20　　㉔ 60−20＝40

㉕ 100−40＝60

175

① つぎの　かずを　かきましょう。　　（1もん5てん／15てん）

① 100より　10おおきい　かず　（　110　）

② 110より　5ちいさい　かず　（　105　）

③ 10を　10こ　あつめた　かず　（　100　）

② □に　あてはまる　かずを　かきましょう。
　　　　　　　　　　　　　　　（1つ5てん／25てん）

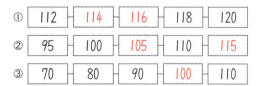

①	112	114	116	118	120
②	95	100	105	110	115
③	70	80	90	100	110

③ おおきい　ほうに　○を　つけましょう
　　　　　　　　　　　　　　（1もん5てん／10てん）

① 89　98　　② 110　101
　（　）（○）　　（○）（　）

176

① つぎの　けいさんを　しましょう。　（1つ5てん／30てん）

① 40＋30＝70　　② 87＋2＝89

③ 50＋6＝56　　④ 78−8＝70

⑤ 90−20＝70　　⑥ 65−3＝62

② おりがみが　70まい　ありました。
　20まい　つかいました。
　おりがみは　なんまいに　なりましたか。
　　　　　　　　　（しき5てん、こたえ5てん／10てん）

しき　70−20＝50

こたえ　**50まい**

③ きのうまで　60ページ　よんでいた　ほんを
　きょうは　9ページ　よみました。
　ぜんぶで　なんページ　よみましたか。
　　　　　　　　　（しき5てん、こたえ5てん／10てん）

しき　60＋9＝69

こたえ　**69ページ**

177

かんがえる ちからを つける ①
あなあき ひきざん

□に かずを かきましょう。

① $\boxed{7}-4=3$　② $\boxed{11}-8=3$

③ $\boxed{6}-3=3$　④ $\boxed{9}-6=3$

⑤ $\boxed{12}-9=3$　⑥ $\boxed{4}-1=3$

⑦ $\boxed{10}-7=3$　⑧ $\boxed{3}-0=3$

⑨ $\boxed{5}-2=3$　⑩ $\boxed{8}-5=3$

⑪ $8-\boxed{5}=3$　⑫ $5-\boxed{2}=3$

⑬ $12-\boxed{9}=3$　⑭ $6-\boxed{3}=3$

⑮ $9-\boxed{6}=3$　⑯ $10-\boxed{7}=3$

⑰ $7-\boxed{4}=3$　⑱ $3-\boxed{0}=3$

⑲ $11-\boxed{8}=3$　⑳ $4-\boxed{1}=3$

かんがえる ちからを つける ②
あなあき ひきざん

1から 13までの かずを □に いれて こたえ が 3に なる もんだいを 10もん つくりましょう。おなじ かずを 2かい つかっても いいです。

$\boxed{13}-\boxed{10}=3$　$\boxed{12}-\boxed{9}=3$

$\boxed{11}-\boxed{8}=3$　$\boxed{10}-\boxed{7}=3$

$\boxed{9}-\boxed{6}=3$　$\boxed{8}-\boxed{5}=3$

$\boxed{7}-\boxed{4}=3$　$\boxed{6}-\boxed{3}=3$

$\boxed{5}-\boxed{2}=3$　$\boxed{4}-\boxed{1}=3$

かんがえる ちからを つける ③
たすのかな ひくのかな

① りんごが 12こ あります。みかんは、りんごよりも 3こ すくないです。みかんは なんこ ありますか。

しき $12-3=9$

こたえ 9こ

② おはなしの ほんが 7さつ あります。まんがの ほんは おはなしの ほんより 8さつ おおいです。まんがの ほんは なんさつ ありますか。

しき $7+8=15$

こたえ 15さつ

③ おとなが 13にん います。こどもは おとなより 5にん すくないです。
こどもは なんにん いますか。

しき $13-5=8$

こたえ 8にん

④ かるたとりで おにいさんは 9まい とりました。いもうとは おにいさんより 2まい おおく とりました。いもうとは なんまい とりましたか。

しき $9+2=11$

こたえ 11まい

かんがえる ちからを つける ④
たすのかな ひくのかな

① えんぴつ 12ほんを、8にんの こどもに 1ぽんずつ くばると なんぼん のこりますか。

しき $12-8=4$

こたえ 4ほん

② チョコレートを 9こ かいました。あめは チョコレートより 4こ おおく かいました。あめは なんこ かいましたか。

しき $9+4=13$

こたえ 13こ

③ おりがみが 5まい あります。つるを 8わ おるには おりがみは なんまい たりませんか。

しき $8-5=3$

こたえ 3まい

④ わたしは おはじきを なんこか もって いました。たかしさんに 8こ、ひろこさんに 5こ あげると おはじきは なくなって しまいました。わたしは、おはじきを なんこ もって いましたか。

しき $8+5=13$

こたえ 13こ

かんがえる　ちからを　つける ⑤
○ばんと　○ばんめ

① みゆさんは、まえから　7ばんめに　います。
みゆさんの　うしろには、3にん　います。
ぜんぶで　なんにん　いますか。

まえから 7ばんめ
まえ ○○○○○○●○○○ うしろ
7にん　　3にん
ぜんぶで □にん

しき **7＋3＝10**　　こたえ　**10にん**

② かずきさんは、まえから　5ばんめに　います。
かずきさんの　うしろには、4にん　います。
ぜんぶで　なんにん　いますか。

まえから 5ばんめ
まえ ○○○○●○○○○ うしろ

しき **5＋4＝9**　　こたえ　**9にん**

③ わたしは、まえから　3ばんめに　います。
わたしの　うしろには　6にん　います。
ぜんぶで　なんにん　いますか。

しき **3＋6＝9**　　こたえ　**9にん**

かんがえる　ちからを　つける ⑥
○ばんと　○ばんめ

① 8にん　ならんでいます。ゆなさんは、まえから
3ばんめに　います。ゆなさんの　うしろに
なんにん　いますか。

3ばんめ
まえ ○○●○○○○○ うしろ
3にん　□にん
8にん

しき **8－3＝5**　　こたえ　**5にん**

② 10にん　ならんでいます。はるとさんは、まえから
2ばんめに　います。はるとさんの　うしろに
なんにん　いますか。

2ばんめ
まえ ○●○○○○○○○○ うしろ

しき **10－2＝8**　　こたえ　**8にん**

③ 9にん　ならんでいます。わたしは、まえから
6ばんめに　います。わたしの　うしろに　なんにん
いますか。

しき **9－6＝3**　　こたえ　**3にん**

かんがえる　ちからを　つける ⑦
2とびの　かず

① 1さらに　おすしが　2こずつ　のって　います。

① 1、2、3、… と　ひとつずつ　かぞえて
おすしの　かずを　かきましょう。

こたえ　**12こ**

② 1さらに　2こずつ　のって　いるので
2、4、6、8、10、… と　かぞえて　おすしの
かずを　かきましょう。

こたえ　**12こ**

かんがえる　ちからを　つける ⑧
2とびの　かず

① りんごが　さらに　2こずつ　のって　います。
2、4、6、8、10、… と　かぞえて　りんご
の　かずを　かきましょう。

こたえ　**18こ**

② □に　あてはまる　かずを　かきましょう。

① 2→**4**→6→**8**→10
② **12**→14→16→18→**20**
③ 8→**10**→12→**14**→16
④ 10→**12**→14→**16**→18

かんがえる ちからを つける ⑨
5とびの かず

① みかんが 5こずつ ふくろに はいって います。みかんの かずを かぞえましょう。

こたえ　　**45こ**

② □に あてはまる かずを かきましょう。

① 5 → 10 → 15 → 20 → 25

② 25 → 30 → 35 → 40 → 45

③ 10 → 15 → 20 → 25 → 30

④ 40 → 45 → 50 → 55 → 60

186

かんがえる ちからを つける ⑩
5とびの かず

● したの とけいの ○に ふんの めもりを かきましょう。

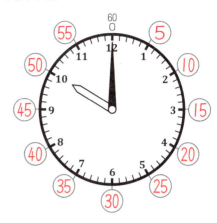

187

かんがえる ちからを つける ⑪
きそくを みつける

● あかい つみき（　）と、しろい つみき（　）を つんでいます。つぎに つむのは、どちらの いろですか。

①

こたえ　**あか**

②

こたえ　**しろ**

③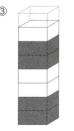

こたえ　**しろ**

④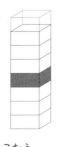

こたえ　**あか**

188

かんがえる ちからを つける ⑫
きそくを みつける

● つぎに ならぶのは あかですか、それとも しろですか。

①

こたえ　**しろ**

②

こたえ　**しろ**

③

こたえ　**しろ**

④

こたえ　**あか**

⑤

こたえ　**あか**

189

47